病毒大流行

VIRUSES

BATTLE AND BALANCE

斗争与平衡

VIRUSES
病　毒

[美] 玛丽莲·J. 罗斯辛克　著

孙东豪　高宇轩　译

湖南科学技术出版社
·长沙·

图书在版编目（CIP）数据

病毒：斗争与平衡 /（美）玛丽莲·J. 罗斯辛克著；
孙东豪，高宇轩译 . — 长沙：湖南科学技术出版社，
2023.12（2024.11 重印）
（普林斯顿大学生物图鉴）
书名原文：VIRUSES: A NATURAL HISTORY
ISBN 978-7-5710-2509-0

Ⅰ.①病… Ⅱ.①玛… ②孙… ③高… Ⅲ.①病毒学—
普及读物 Ⅳ.① Q939.4-49

中国国家版本馆 CIP 数据核字 (2023) 第 187168 号

Viruses, 2023
Copyright © UniPress Books 2023
This translation originally published in English in 2023 is
published by arrangement with UniPress Books Limited.

著作版权登记号：18-2023-168

BINGDU: DOUZHENG YU PINGHENG
病毒：斗争与平衡

著　　者：[美] 玛丽莲·J. 罗斯辛克
译　　者：孙东豪　高宇轩
出 版 人：潘晓山
总 策 划：陈沂欢
策划编辑：宫　超　乔　琦
责任编辑：李文瑶
特约编辑：曹紫娟
图片编辑：李晓峰
地图编辑：程　远　彭　聪
营销编辑：王思宇　许东年
版权编辑：刘雅娟
责任美编：彭怡轩
装帧设计：李　川
特约印制：焦文献
制　　版：北京美光制版有限公司
出版发行：湖南科学技术出版社
地　　址：长沙市开福区泊富国际金融中心 40 楼
网　　址：http://www.hustp.com
湖南科学技术出版社天猫旗舰店网址：
　　　　　http://hukjcbs.tmall.com
邮购联系：本社直销科 0731-84375808
印　　刷：北京华联印刷有限公司
版　　次：2023 年 12 月第 1 版
印　　次：2024 年 11 月第 3 次印刷
开　　本：710mm×1000mm 1/16
印　　张：18
字　　数：255 千字
审 图 号：GS 京（2023）1734 号
书　　号：ISBN 978-7-5710-2509-0
定　　价：98.00 元

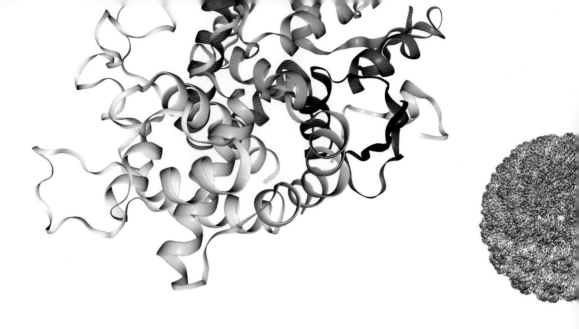

CONTENTS
目录

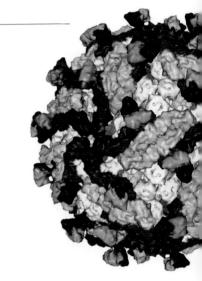

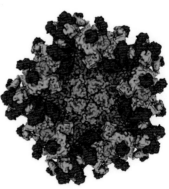

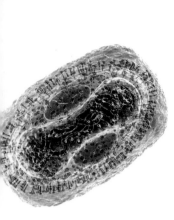

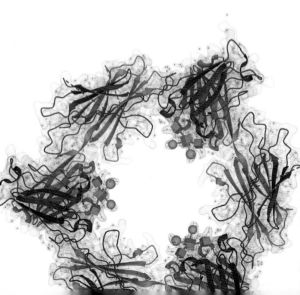

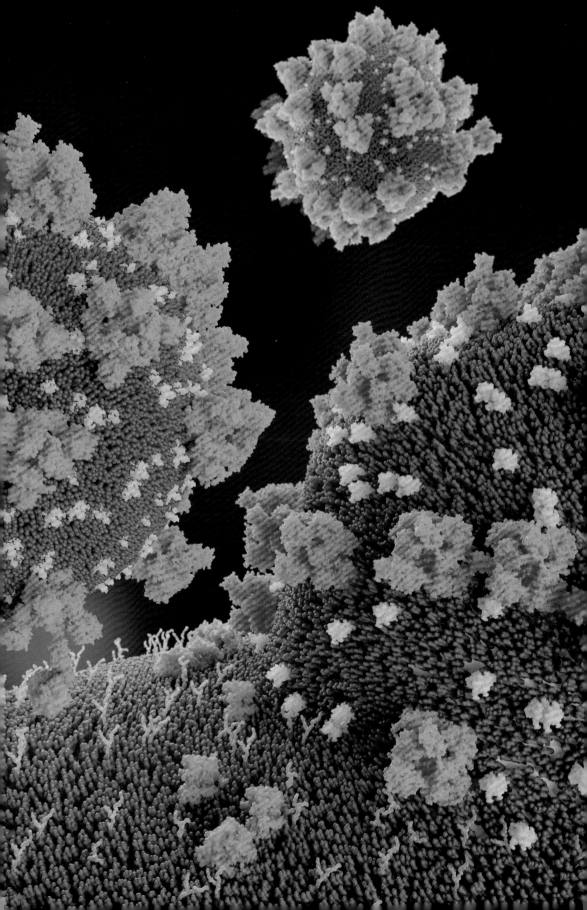

INTRODUCTION
走近病毒

什么是病毒?

自 2019 年底到 2020 年初严重急性呼吸综合征冠状病毒 2 型（SARS-CoV-2）出现以来，人们对病毒及其对人类生活的影响有了越来越多的了解。从新闻媒体到整个病毒学领域都被这种导致新型冠状病毒肺炎（COVID-19）的病毒"淹没"了。虽然世界几乎每个角落都能感受到 SARS-CoV-2 的影响，但这只是病毒故事的冰山一角。这本书将带你踏上一段引人入胜的旅程，超越新型冠状病毒，进入地球上最多样化的实体领域。

病毒的类型多种多样，很难找到一个普适于所有不同类型病毒的定义。《牛津学习词典》将病毒定义为"一种有生命的东西，小到只能用显微镜看到，能在人、动物和植物体内致病"。然而，甚至连定义的第一个短语——"有生命的东西"——都存在争议（见下文）。其次，病毒感染的也不仅仅是人、动物和植物，事实上，它们会感染所有已知的生命形式，并且大多数情况下可能不会导致疾病。最后，这个定义没有区分病毒和细菌。

《牛津英语词典》的定义略有不同："一种传染性的，通常是致病的病原体或生物体，通常比细菌小，只能在宿主动物、植物或微生物的活细胞内发挥作用，由核酸分子〔DNA（脱氧核糖核酸）或 RNA（核糖核酸）〕组成，被一层蛋白质包裹，通常还有一层脂质外包膜。"在这里，病毒的定义得到了细化和提升，尽管许多巨型病毒比一些细菌更大，而且并非所有病毒都有蛋白质外壳。

病毒具有一些普遍的共性：都有 RNA 或 DNA 构成的基因组，所有功能都需要宿主才能实现，可能携带一些能实现许多复杂功能的遗传物质，不能自己产生能量。学界正在讨论病毒是否是活的生命体。最初发现病毒时，人们认为它们是有生命的，但当 1935 年烟草花叶病毒被制成晶体时，有人认为病毒更像是化学物质而非生命形式。有人则认为病毒在感染宿主细胞时是活的，而当它们在细胞外存在时则更像种子或孢子。简而言之，"病毒是活的吗"这个问题没有单一的答案，"是"或"否"都存在很多争议。但病毒学家很少参与这种争论，他们认为这些令人着迷的小东西肯定会影响地球上所有的生命，它们是否活着反倒无关紧要了。

冷冻电子显微镜下的寨卡病毒高分辨率结构

什么是细胞？

    细胞是生命活动的基本单位。细胞主要分为两大类：真核细胞和原核细胞（如下图）。由原核细胞构成的生物被称为原核生物，包括细菌和古菌，它们主要为单细胞生物，有些也可以形成多细胞结构。除此之外，其他生物均为由真核细胞构成的真核生物。

❥ DNA双螺旋分子链的艺术可视化模型

细胞生物的基础知识

所有的生物都是由细胞组成的，有些是原核细胞，有些是真核细胞。原核细胞（构成了细菌和古菌）没有细胞核，并且通常被细胞壁所包裹。与之相对，真核细胞（构成了动物、植物[1]）拥有一个容纳基因组的细胞核。除动物细胞以外，大多数真核细胞也具有细胞壁。真核细胞内的结构被称为细胞器，这些细胞器通常被膜所包裹。大多数真核细胞中的线粒体和植物细胞中的叶绿体可以产生细胞生存所需的能量。线粒体和叶绿体可能来源于古老的细菌，它们拥有独立的基因组，但无法独立生存。下图展示了细胞的平均大小，但实际上不同类型的细胞体积悬殊。目前已知的最大的细胞是鸵鸟的卵细胞。

细菌细胞（原核细胞）

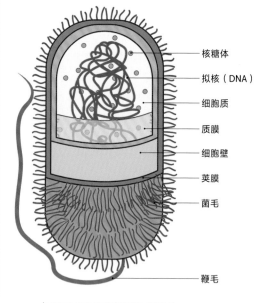

核糖体
拟核（DNA）
细胞质
质膜
细胞壁
荚膜
菌毛

鞭毛

2 微米

1　除动物和植物外，真菌亦属于真核生物。（译者注，后同）

动物细胞（真核细胞）

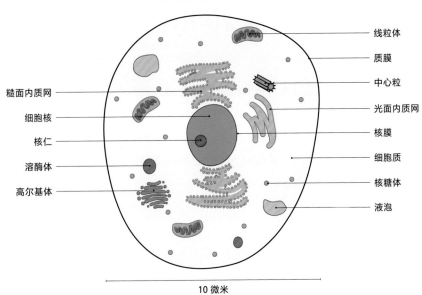

糙面内质网
细胞核
核仁
溶酶体
高尔基体

线粒体
质膜
中心粒
光面内质网
核膜
细胞质
核糖体
液泡

10 微米

植物细胞（真核细胞）

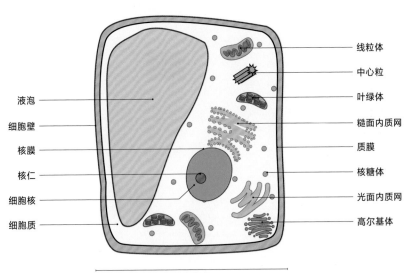

液泡
细胞壁
核膜
核仁
细胞核
细胞质

线粒体
中心粒
叶绿体
糙面内质网
质膜
核糖体
光面内质网
高尔基体

100 微米

DNA 和 RNA

我们人类的基因组，以及所有具备细胞结构的生物的基因组，都是由 DNA 构成的。DNA 是一种由脱氧核糖核苷酸组成的长链分子，含有四种不同的碱基（详见第 62 页）。基因组是一种遗传密码，包含引导细胞合成蛋白质所需的全部信息。蛋白质由氨基酸构成，每三个核苷酸序列构成一个密码子并编码一种特定的氨基酸（见下表）。基因组中含有蛋白质编码序列的部分被称为编码区。

4 种核苷酸可以形成 64 个密码子组合，对应 22 种需要编码的氨基酸，以及一个终止密码子，这就导致每种氨基酸通常对应不止一个密码子。下表中列出了每个密码子的首位、中间和末位核苷酸碱基（缩写为 U、C、A 和 G），以及该密码子编码的氨基酸种类，在合成蛋白质时，密码子会告诉翻译机器应该插入哪些氨基酸。

首位碱基	中间碱基				末位碱基
	U	C	A	G	
U	UUU Phe	UCU Ser	UAU Tyr	UGU Cys	U
	UUC Phe	UCC Ser	UAC Tyr	UGC Cys	C
	UUA Leu	UCA Ser	UAA STOP	UGA STOP	A
	UUG Leu	UCG Ser	UAG STOP	UGG Trp	G
C	CUU Leu	CCU Pro	CAU His	CGU Arg	U
	CUC Leu	CCC Pro	CAC His	CUC Arg	C
	CUA Leu	CCA Pro	CAA Gln	CGA Arg	A
	CUG Leu	CCG Pro	CAG Gln	CGG Arg	G
A	AUU Ile	ACU Thr	AAU Asn	AGU Ser	U
	AUC Ile	ACC Thr	AAC Asn	AGC Ser	C
	AUA Ile	ACA Thr	AAA Lys	AGA Arg	A
	AUG Met	ACG Thr	AAG Lys	AGG Arg	G
G	GUU Val	GCU Ala	GAU Asp	GGU Glu	U
	GUC Val	GCC Ala	GAC Asp	GGC Gly	C
	GUA Val	GCA Ala	GAA Glu	GGA Gly	A
	GUG Val	GCG Ala	GAG Glu	GGG Gly	G

遗传密码

表中每种氨基酸都用三个字母的缩写表示。Phe：苯丙氨酸；Ser：丝氨酸；Tyr：酪氨酸；Cys：半胱氨酸；Leu：亮氨酸；Trp：色氨酸；Pro：脯氨酸；His：组氨酸；Arg：精氨酸；Gln：谷氨酰胺；Ile：异亮氨酸；Thr：苏氨酸；Asn：天冬酰胺；Lys：赖氨酸；Met：甲硫氨酸；Val：缬氨酸；Ala：丙氨酸；Asp：天冬氨酸；Glu：谷氨酸；Gly：甘氨酸。STOP 表示终止子。DNA 中还有许多其他元件

从 DNA 到 RNA 再到蛋白质

DNA是所有由细胞构成的生命体的遗传物质。在细胞基因组中，它由两串复杂的糖分子长链组成，每个糖分子都带有一个核苷酸碱基。DNA中只有四种碱基：腺嘌呤（A）、胞嘧啶（C）、鸟嘌呤（G）和胸腺嘧啶（T）。每个碱基对都由两个互补的碱基组成（A和T配对，C和G配对），因此两条DNA链也是互补的，共同形成双螺旋结构。DNA被转录成RNA，RNA携带着编码蛋白质的信息。RNA的结构与DNA非常相似，但尿嘧啶（U）取代了胸腺嘧啶。从DNA到RNA再到蛋白质，这就是分子生物学的中心法则，在很长一段时期内都屹立不倒。直到1970年，两位美国科学家大卫·巴尔的摩（David Baltimore）和霍华德·马丁·特明（Howard Martin Temin）分别独立发现了一种由病毒制造的新酶，可以将RNA逆转录为DNA。此外，病毒的DNA基因组也可以是单链的。

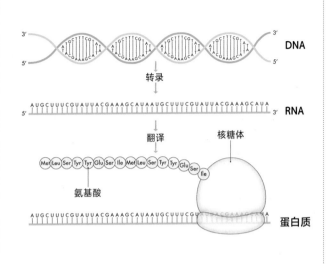

不编码蛋白质，但在调节蛋白质的合成时间和合成方式方面很重要。事实上，在大多数细胞的基因组中，非编码序列要比编码序列多得多——例如，人类基因组的编码部分只占整个基因组的 1.5% 左右。这些非编码序列的大部分用途目前还不清楚。

相比之下，病毒基因组既可以由 DNA 组成，也可以由 RNA 组成。这和细胞生命有什么不同？从化学上来说，DNA 碱基比 RNA 碱基少一个氧原子（因此是"脱氧"）。从生物学上讲，这个微小的变化会导致很大的不同：不同的碱基需要不同的酶来催化复制；它们的结构不同；RNA 还具有其他生物活性，而不仅限于编码基因。RNA 本身也可以作为一种酶，它是细胞内许多复杂细胞器的组成部分，比如将基因转化为蛋白质

的核糖体就有一部分由 RNA 构成。病毒基因组和细胞生命基因组的重要区别之一在于大多数病毒很少有非编码 RNA 或 DNA。

所有细胞生命的基因组都由双链 DNA 构成。在真核生物中，DNA 分子是线性的；但在细菌和古菌中，基因组结构通常呈环状。在病毒中，基因组可以由 DNA 或 RNA 构成，既可以是单链也可以是双链，既可以是线性结构也可以是环状结构。所有的细胞都使用大量的单链 RNA 来执行各种功能，而除了一些非常小的分子外，双链 RNA 是病毒独有的。大多数细胞将双链 RNA 识别为外来物质，从而引发免疫应答（见第 157 页开始的章节）。具有双链 RNA 基因组的病毒已经演化出一些方法，可以将基因组隐藏起来不被受感染的宿主细胞发现。

病毒如何命名？

病毒的第一级分类通常被称为"巴尔的摩分类法"，以美国生物学家大卫·巴尔的摩的名字命名。这种分类法根据基因组类型将病毒分为7类（见下文和第34—35页的表格），不同类型的病毒感染不同的宿主。

病毒名称通常首先由发现者指定，然后经国际病毒分类委员会（ICTV）修订或批准。植物病毒的名称通常包括分离出该病毒的第一个宿主的名称和该病毒所导致的症状，例如香蕉条纹病毒，它会导致香蕉叶片产生黄色条纹（见第50页）。相比之下，人体病毒的名称通常包括发现病毒的器官，如在肝脏中发现的肝炎病毒和感染上

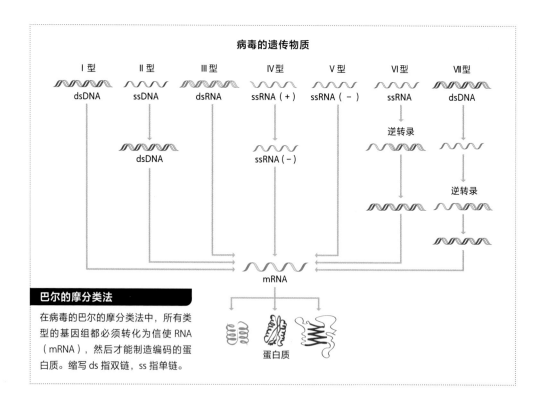

病毒的遗传物质

| Ⅰ型 | Ⅱ型 | Ⅲ型 | Ⅳ型 | Ⅴ型 | Ⅵ型 | Ⅶ型 |
| dsDNA | ssDNA | dsRNA | ssRNA（+） | ssRNA（-） | ssRNA | dsDNA |

逆转录

dsDNA   ssRNA（-）

逆转录

mRNA

蛋白质

巴尔的摩分类法

在病毒的巴尔的摩分类法中，所有类型的基因组都必须转化为信使RNA（mRNA），然后才能制造编码的蛋白质。缩写ds指双链，ss指单链。

呼吸道的鼻病毒。真菌病毒的名称则包括宿主的学名，如感染酵母菌的酿酒酵母病毒L–A（Saccharomyces cerevisiae virus L–A，*Saccharomyces cerevisiae* 为酿酒酵母的学名，见第 242 页）。

病毒的名称有时可能令人困惑，因为病毒并不总是在其自然宿主中最早被发现，而且它们会感染许多其他宿主。例如，黄瓜花叶病毒可以感染约 1200 种植物，然而并不包括大多数现代黄瓜品种，这些品种都对该病毒有抗性。本书中的病毒命名采纳了 2020 年国际病毒分类委员会报告中的名称。

很多情况下人们会使用缩写来指代病毒，但需要注意的是，不同的病毒学家并不总是用相同的缩写来指代同一种病毒，而且不同的病毒也可能具有相同的缩写。例如，本书介绍的劳斯肉瘤病毒和呼吸道合胞病毒的缩写都是 RSV。

病毒的分类系统与细胞生命形式的分类系统相比有两处不同。首先，虽然在中文中都译作"域"，病毒的最高分类阶元是"realm"，而非细胞生命中的"domain"，其他分类阶元则是相同的。其次，在病毒分类系统中，所有分类阶元都使用斜体书写，而在其他分类系统中，只有属名和种名需要用斜体。虽然现在人们普遍接受了拉丁化的病毒名称，

但关于何时应该使用斜体、何时不应使用斜体的规则各不相同。为避免混淆，本书中所有病毒名称均采用正体排印。此外，相关描述中也会提及该病毒更为人熟知的常用名。

病毒的复制

复制是病毒最重要的功能，病毒可以复制出更多的病毒来感染同一宿主的其他细胞和其他宿主。具体复制过程取决于病毒的基因组类型以及它所感染的宿主类型。第 59 页开始的"病毒的复制"一章中将详细讲述该过程，这也是本书中技术含量最高的一章，有助于感兴趣的读者深入了解病毒的工作原理。

>> 烟草花叶病毒导致受感染的烟草植株叶片形成浅绿色和深绿色相间的图案。病毒集中在叶片的浅绿色区域

病毒有颜色吗？

迄今为止还没有发现能制造色素的病毒。制造色素的生物学成本很高，生物体总是为特定的目的才产生色素，比如吸引配偶或威慑捕食者。病毒对颜色没有需求，因此大多数病毒都是无色的。不过也有例外，例如虹彩病毒，在病毒尺度上虹彩病毒的尺寸非常大，其衣壳结构中有成千上万个可反射光线的平面，从而产生斑斓的虹彩，有时可以在被感染的宿主中看到虹彩病毒反射的颜色（见下图）。

虽然大多数病毒是无色的，但它们可能通过影响宿主的色素合成对宿主的颜色产生巨大影响。例如，许多植物花和叶子上的条纹或斑点，便是由于病毒破坏了宿主细胞制造色素的基因而导致的。同样，病毒也会影响真菌的色素合成。

本书中的病毒照片大多是基于复杂的数据由计算机合成的，其中呈现的颜色是为了更清晰地展示某些特征结构。冷冻电子显微镜（cryo-EM）是观察病毒结构的最新技术：将样品快速冷冻，并在冷冻状态下使用电子显微镜（EM）成像，数千张单独的图像通过计算机合成细致入微的立体结构图。这相比以前的方法有了很大的进步——在过去，样品必须用化学方法固定，而这一过程通常会导致病毒结构发生变化。

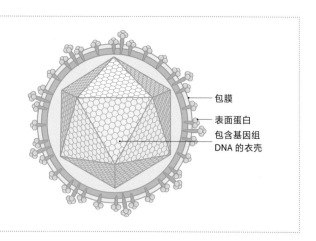

虹彩病毒的结构

虹彩病毒衣壳上大量的平面结构可以反射不同颜色的光，从而呈现斑斓的虹彩，如同蝴蝶的翅膀一样，它们本身没有颜色，却因为翅膀上的微小鳞片反射光线而看起来像彩虹一样。

包膜

表面蛋白

包含基因组DNA的衣壳

还有一种观察病毒结构的方法是 X 射线晶体学。病毒很容易制成晶体，因为它们的形状通常规则有序。当一束 X 射线穿过晶体时，射线会随着晶体内部的分子结构不同向不同方向衍射，计算机程序可以将衍射的信息转换成成病毒的结构。本书中有些图像就是用这种方法生成的。

∧ 感染郁金香碎色病毒的郁金香呈现出美丽的条纹。17世纪的荷兰人疯狂迷恋这些感染了病毒的美丽花朵，因此在荷兰掀起了"郁金香狂热"（tulipomania）。然而，由于郁金香繁殖时可能会丢失病毒，因此这种性状并不稳定

病毒学的历史与未来

1892 年，俄罗斯生物学家德米特里·伊万诺夫斯基（Dmitri Ivanovsky，1864—1920）证明烟草的花叶病可以通过植物的汁液传播，这是人们首次发现生物体会被细菌或真菌以外的病原体感染。1898 年，荷兰微生物学家马蒂纳斯·拜耶林克（Martinus Beijerinck，1851—1931）使用一个可以去除细菌的精密陶瓷过滤器去过滤呈现花叶性状的烟草植株的汁液，发现过滤后的汁液仍然具有传染性。由此他得出结论，植物汁液中存在一种比细菌更小的传染因子，并称之为活的传染液。拜耶林克后来用"virus"（病毒）这个词来形容这种病原体，这个词来自拉丁语，意思是"毒药"。

同年晚些时候，德国细菌学家弗里德里希·勒夫勒（Friedrich Loeffler，1852—1915）和保罗·弗罗施（Paul Frosch，1860—1928）证明口蹄疫的病原体也是一种可通过细菌过滤器的病毒，病毒学由此诞生。1901年，美国陆军医生沃尔特·里德（Walter Reed，1851—1902）证明黄热病的病原体也是一种病毒。在接下来的十年间，人们证明禽白血病和实体瘤可以通过病毒在雏鸡中传播。1915 年，两位科学家分别独立发现了感染细菌的病毒——噬菌体。

病毒在生物学的许多重大进展中起着关键作用。烟草花叶病毒的基本成分是 RNA 和蛋白质，其结构是在 20 世纪 30 年代用电子显微镜观察到的。同样是在 20 世纪 30 年代，人们发现植物病毒具有变异能力，到了 20 世纪 40 年代，噬菌体的变异能力也得

到证实。20 世纪 50 年代，英国化学家罗莎琳德·富兰克林（Rosalind Franklin，1920—1958）利用 X 射线晶体学制作出烟草花叶病毒的详细结构模型，她后来也正是用这项技术发现了 DNA 的双螺旋结构。由此，人们发现 RNA 也是一种遗传物质，病毒也被用来破译遗传密码。

在整个二十世纪，病毒为分子生物学的研究贡献了许多基本工具。第一批用于测定 DNA 序列的酶是从病毒中分离出来的，许多 DNA 克隆工具也来自病毒。

➤➤ 1958年，比利时布鲁塞尔世界博览会上展出了英国化学家罗莎琳德·富兰克林设计的烟草花叶病毒大型模型。图为正在建造中的该模型

病毒学的未来

病毒对地球上生命的益处（见第 191 页和第 217 页开始的章节）才初露端倪，这是一个在未来几十年将会得到大量关注的领域。随着技术的发展，人们得以发现越来越多的病毒（见第 23 页开始的章节），科学家将揭示许多不致病的病毒的例子。

新型冠状病毒感染大流行压倒性的全球影响表明，我们需要投入更多精力去了解新的病毒是如何出现并导致严重疾病的（见第 157 页和第 245 页开始的章节）。更好的监测方法也至关重要，这样才能阻止潜在的传染病大流行。新型冠状病毒感染还刺激了疫苗研发新技术的发展，并突显出我们在了解免疫反应和开发持久性疫苗方面的不足，学界仍将为此继续努力。同样，开发针对病毒性疾病的治疗方法也是未来病毒学研究的重要方向（参见第 157 页开始的"病毒与宿主之间的斗争"）。

在未来的几十年里，我们可以期待更多基于病毒的技术出现，来缓解抗生素耐药性问题，实现基因传递以治疗遗传疾病，并为我们提供更好的工具来了解地球，了解人类与环境的关系。

<< 荷兰微生物学家马蒂纳斯·拜耶林克，他因对病毒的早期研究而闻名。他的实验表明，烟草花叶病是由一种比任何已知细菌都小的传染因子引起的。他认为这是一种"具有传染性的毒药"，创造出"virus"（病毒）一词来描述这种物质。拜耶林克在农业微生物学中还有另一个关键发现——豆科植物（大豆、扁豆、豌豆等）根部定殖的细菌可以"固定"氮。空气中氮含量丰富，但植物无法利用这种形式的氮，而有些细菌可以将氮转化为植物可以利用的形式。美国本土农民已经间接知道这一点，因为他们将豆类和玉米种在一起：豆类通过根部的细菌提供多余的氮素，玉米秸秆则为蔓生豆类提供支撑。上图显示了豆科植物根部的根瘤，固氮菌就生活在这些根瘤里。在某些情况下，病毒感染会导致宿主植物的根瘤体积缩小、数量减少

>> 罗莎琳德·富兰克林是一位研究化学和X射线晶体学的英国科学家。她最为人所知的成就是在DNA结构方面的研究，但在生前她的贡献很大程度上为学界所忽视，终其一生都没有因此而获得什么荣誉。她在DNA结构方面的发现之一是DNA双螺旋的A型和B型结构（见第30—31页）。X射线晶体学是确定核酸和蛋白质等大分子结构的强大工具：分子结晶后，用X射线穿过晶体并产生衍射图案，通过分析这些图案可以揭示分子的结构。富兰克林应用这项技术来确定病毒的结构，自她那个时代以来，人们已经用这项技术构建了许多病毒的结构，其中一些将在本书中展示。下图展示了富兰克林拍摄的烟草花叶病毒（TMV）的衍射图案；在未经训练的人看来这些图案可能什么都不是，但科学家据此建立了一个病毒模型，并在1958年的比利时布鲁塞尔世界博览会上展出（见第15页）。令人遗憾的是，富兰克林英年早逝，而直到她死后，人们才认识到她的工作在确定DNA结构中所起的关键作用

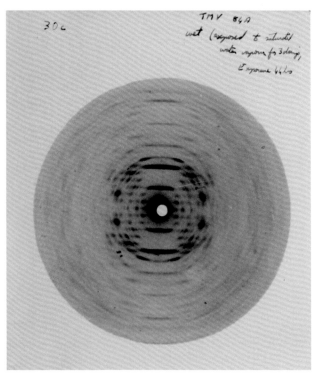

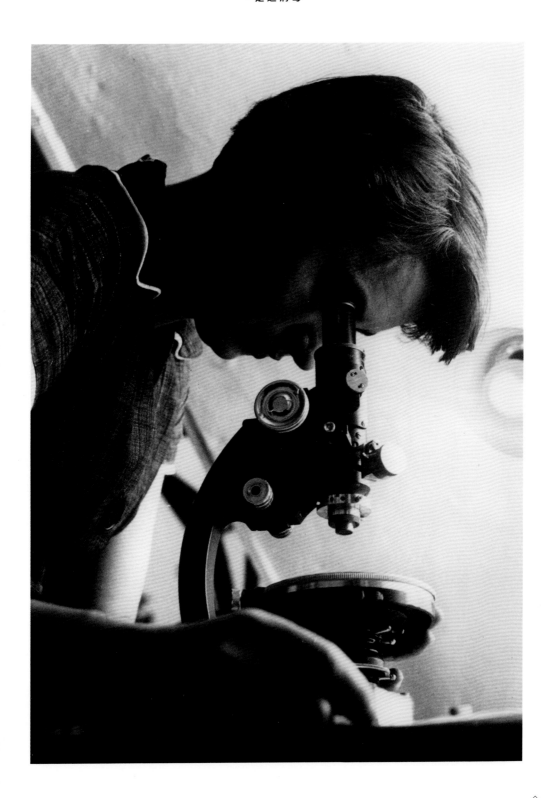

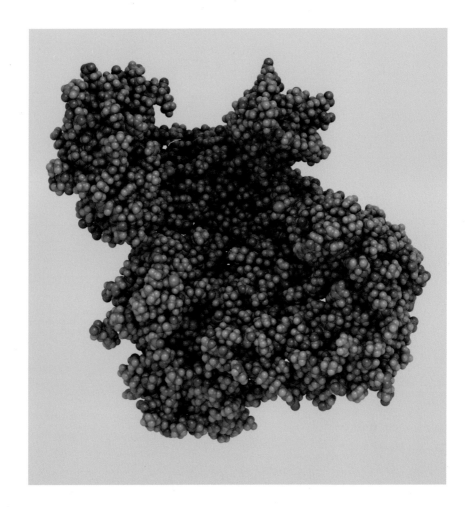

◄◄ 美国病毒学家霍华德·马丁·特明。他在研究生和博士后期间研究了劳斯肉瘤病毒（见第96页），并于1960年入职威斯康星大学麦迪逊分校。他发现这种RNA病毒的基因组序列可以在被感染的宿主细胞的DNA中找到，因此得出结论，这种病毒有办法将其RNA转化为DNA。最终，他发现了逆转录酶，图中显示的就是逆转录酶的X射线晶体学模型。美国病毒学家大卫·巴尔的摩在同一时期通过不同的病毒发现了类似的成果，两人也分享了1975年的诺贝尔生理学与医学奖。然而，这些发现让分子生物学界陷入了混乱，因为它们违反了生物学的中心法则（见第9页）。自被发现以来，逆转录酶已成为分子生物学研究的重要工具。除此之外，它还让科学家们首次测定了RNA分子的序列，并从信使RNA（mRNA）中克隆出基因

THE DEPTH AND BREADTH OF VIRUSES

病毒的深度和广度

病毒学入门

病毒学正处在大发现时代，每天都有数百种新病毒被发现。对于大多数新病毒，我们只知道它们的 DNA 或 RNA 基因组序列，但我们可以根据它们的基因和经过充分研究的近亲来推测它们的模样、它们感染的生物体，以及它们的功能。

病毒猎人

在 21 世纪 00 年代中期之前，发现新病毒是个艰苦的过程，涉及电子显微镜观察和细胞培养，一旦发现新病毒存在的迹象，还要尝试测定其基因组序列。构建一个小病毒的全部遗传序列可能需要一年多的时间。

在 2002—2004 年第一次严重急性呼吸综合征冠状病毒（SARS-CoV）流行期间，研究者们在短短几个月内就测定了该病毒的基因序列，这在当时看来是非常惊人的创举。发现其他微生物比发现病毒容易得多，因为所有活细胞都有一些共同的常见基因，而且这

些基因的保守区有一些很短的序列是完全一致的，这使得研究人员能够轻易获得这些常见基因的序列。相比之下，病毒没有任何普遍存在的共同基因，因此大规模研究仅限于寻找已知病毒的近缘病毒。不过，一旦研究人员将 DNA 测序过程自动化，就可以非常快速地确定大量的遗传序列。例如，SARS-CoV-2 病毒的基因序列就在短短几天内测定了。

不久之后，人们开发出无需任何先验知识就能随机进行基因测序的方法——宏基因组学。尽管分析所有这些遗传信息的计算机程序仍在不断改进，但如今我们已经描绘出大量病毒的基因蓝图。即便如此，我们对病毒的了解仍然很少，完全认识所有的病毒更是任重道远。

<< 2005年，美国康涅狄格州的454生命科学公司制造出第一台高通量DNA测序机。这使得研究人员能够通过一次实验测定数万个核苷酸的序列，为发现新病毒开辟了道路

↗ 蚊子携带多种昆虫病毒和哺乳动物病毒，因此可以作为发现病毒的起点

>> 蝙蝠携带许多导致哺乳动物新发疾病的病毒，包括埃博拉病毒、SARS-CoV-2、中东呼吸综合征病毒和狂犬病毒。因此，野外工作人员在捕捉野生蝙蝠时必须小心，以免被感染

生命的多样性

要了解病毒的多样性，必须先了解生命的多样性。我们把所有的细胞生命分为三个域：细菌域、古菌域和真核生物域。细菌和古菌结构简单，通常为单细胞，且缺乏细胞核，繁殖方式主要为无性繁殖。古菌域直到1977年才确立地位，在此之前，这些细胞生物被认为是细菌，但除了某些结构相似之外，它们实际上非常不同。古菌最早是在深海热液喷口、酸性温泉和盐滩等极端环境中发现的，但我们现在知道它们无处不在，甚至在人类的肠道内也生活着古菌。

真核生物拥有比细菌和古菌更复杂的结构，然则在生物化学方面往往更简单。这是因为它们依赖细菌来生产自身所需的许多基本化学物质。例如，人体所需的许多关键的营养物质无法靠自身合成，而是依赖食物和生活在体内的细菌来获取。细菌合成的维生素B12和维生素K在人体营养中尤为重要。真核细胞有细胞核，其中包含基因组和复制基因组并将其转录成RNA的工具。真核细胞中还有其他被称为细胞器的内部结构，其中一些源于细菌，例如线粒体，以及植物和藻类细胞中的叶绿体，它们是由独立生存的细菌进入古代真核生物细胞内生活而演化来的（见第7页的插图）。

生命形式被进一步分成界，细菌域和古菌域各包含一个界，而真核生物域则被分为四个界：植物界（植物）、动物界（动物）、真菌界和原生生物界（原生生物）[1]。有些生物并不能明确归入这些界中的任何一个。大多数人最熟悉动物界，因为我们人类也属于动物界。

病毒并不构成独立的域或界，而是与细胞生命中来自各界的宿主相关联。一般来说，病毒不会跨域感染，但它们会跨界。例如，一些病毒可以同时感染植物和真菌，或者同时感染植物和昆虫。

1　关于生物分类的意见至今仍存在很多争端，尤其是植物界，现今的分类意见把原本归在植物界的很多藻类独立出来建立色素界，例如褐藻门、硅藻门。

生物的域和界

生物被分为三个域和六个界：图中细菌、古菌和真核生物三个域用三种不同的底色呈现，下属各界被包含在各域中。细菌是生物最古老的域。细菌和古菌是原核生物，通常为单细胞，没有细胞核。与之相反，真核生物的细胞包含一个储存 DNA 基因组的细胞核，以及其他细胞器，如由古代的细菌演化而来的叶绿体和线粒体。

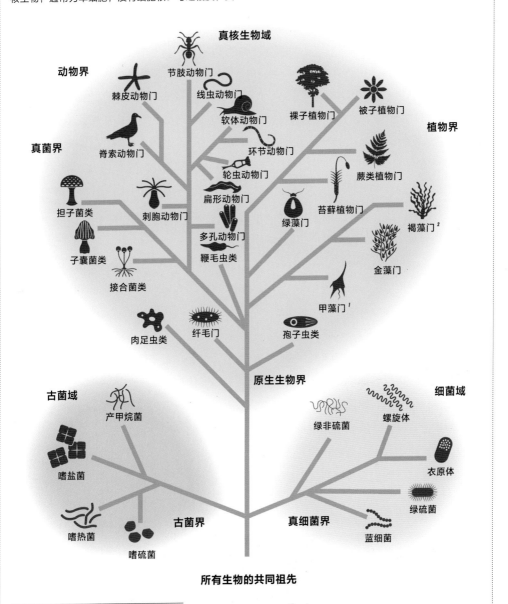

真核生物域

动物界

棘皮动物门　　节肢动物门

线虫动物门

软体动物门

裸子植物门　　被子植物门　　植物界

脊索动物门

真菌界

环节动物门

轮虫动物门

蕨类植物门

扁形动物门

苔藓植物门

褐藻门²

担子菌类

刺胞动物门

绿藻门

金藻门

子囊菌类

多孔动物门

鞭毛虫类

接合菌类

甲藻门¹

肉足虫类

纤毛门

孢子虫类

原生生物界

古菌域

产甲烷菌

绿非硫菌

螺旋体

细菌域

嗜盐菌

衣原体

嗜热菌

古菌界

真细菌界

绿硫菌

嗜硫菌

蓝细菌

所有生物的共同祖先

1　现在一般将其归为原生生物界的双鞭毛虫门（Dinozoa）。
2　现在一般将其归为新建立的色素界（Chromista）。

病毒的大小

不同病毒的体型和基因组的大小相差悬殊。最小的病毒直径只有 17 纳米。为了了解一纳米有多小，你可以想象一下，把你的指甲厚度（厚约一毫米）均匀切成 1000 片，每片厚约 1 微米；然后取其中一片，再切成 1000 片，每片的厚度大约就是一纳米了。已知最大的病毒纵贯 1.5 微米，比最小的病毒大 90 倍，而且比许多细菌都大。病毒基因组的大小也差距巨大：最小的病毒基因组仅包含 1700 多个核苷酸，最大的几乎包含 250 万个核苷酸，相差近 1500 倍。

由于基因组大小迥异，病毒编码的蛋白质的数量和类型也天差地别。最简单的病毒只能制造两种蛋白质：一种是用来复制基因组的酶，另一种是用来包被并保护基因组的衣壳蛋白。有些病毒甚至连衣壳蛋白都省掉了，直接以裸露 RNA 的形式存在。而基因组最大的病毒可以制造超过 2500 种蛋白质，这些蛋白质能够执行细胞承担的许多功能，但无法完全代替细胞。到目前为止，还没有发现任何病毒可以完全独立指导自身蛋白质的合成。虽然病毒有编码蛋白质的基因，但它们需要通过感染细胞来将这些基因翻译为蛋白质。病毒也无法自己产生能量，而需要依赖宿主细胞。

病毒的形状

病毒的形状多种多样，通常类似某些几何结构。经典的病毒形状是二十面体——一种具有 20 个等效面的几何结构，在二维图中通常绘制成六边形或八边形。病毒颗粒的表面通常可细分为许多亚表面，被称为壳粒。最大的二十面体病毒有超过 2000 个壳粒，而最小的只有 12 个。

另一种常见的病毒形状是螺旋状。有史以来发现的第一种病毒——烟草花叶病毒（见第 14 页）就呈螺旋状。有些螺旋状病毒是刚性的，而另一些是柔性的。具有包膜（包被在衣壳外的膜层）的病毒外部形状较松散，但内部形状通常是刚性的。许多细菌病毒（噬菌体）具有复杂的"起落架"结构。然而，形态最多样化的要数古菌病毒，它们大多形状独特，例如像瓶子一样的瓶状病毒。人们第一次发现这些病毒时，往往无从得知其基因的功能，因为古菌病毒的基因与其他病毒截然不同。

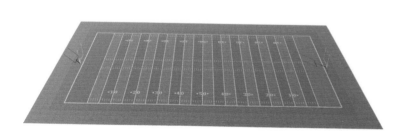

<< 如果我们把一个植物细胞放大到一个橄榄球场那么大，那么一个病毒相当于一个棒球大小

病毒的大小

已知最小的病毒是猪圆环病毒 1 型（PCV-1），尺寸最大的病毒是西伯利亚阔口罐病毒（Pithovirus sibericum），而智利巨型病毒（Megavirus chilensis）是最大的二十面体病毒（示意图并非按照比例尺绘制）。

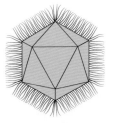

猪圆环病毒
17 纳米

智利巨型病毒
440 纳米

西伯利亚阔口罐病毒
长 1.5 微米

病毒的形状

除了标志性的二十面体或螺旋状外，病毒还有各种各样的形状和结构，有些病毒的衣壳外面包有一层膜，被称为包膜。

0.25 微米

φX174 噬菌体

小 RNA 病毒

流感病毒

柔尾噬菌体

管状病毒

多瘤病毒

腺病毒

疱疹病毒

T 偶数大肠杆菌
噬菌体

弹状病毒

口疮病毒

痘苗病毒

副黏病毒
（腮腺炎病毒）

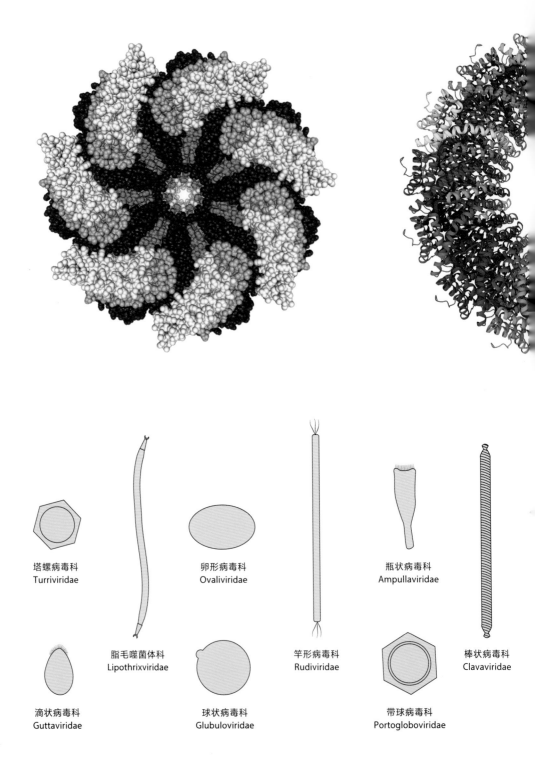

塔螺病毒科
Turriviridae

卵形病毒科
Ovaliviridae

瓶状病毒科
Ampullaviridae

脂毛噬菌体科
Lipothrixviridae

竿形病毒科
Rudiviridae

棒状病毒科
Clavaviridae

滴状病毒科
Guttaviridae

球状病毒科
Glubuloviridae

带球病毒科
Portogloboviridae

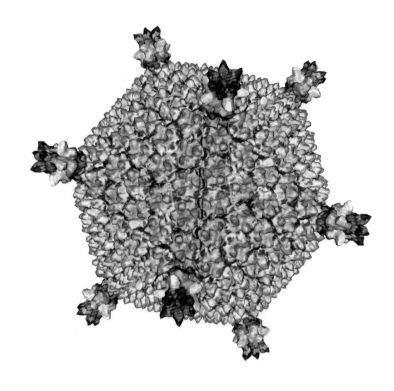

双尾病毒科
Bicaudaviridae

微小纺锤形噬菌体科
Fuselloviridae

螺旋病毒科
Spiraviridae

三层病毒科
Tristromaviridae

奇古菌纺锤形噬菌体科
Thaspiviridae

↖↖ 根据冷冻电子显微镜数据模拟的硫化叶菌梭形病毒19的尾部结构横截面模型

↖ 根据冷冻电子显微镜数据模拟的冰岛硫化叶菌杆状病毒内部结构的丝带模型图。这种病毒的宿主生活在80摄氏度高温的酸性水体中。图中可以看到其DNA呈螺旋状，但与常见的DNA螺旋不同，这是另一种形态的DNA结构，被称为A型。这种形态的DNA在极端环境中更稳定

↖ 根据冷冻电子显微镜数据模体的硫化叶菌二十面体病毒结构模型

≪ 感染古菌的各种形状的病毒

病毒的分类

病毒的基因组由 DNA 或 RNA 构成，可为双链（ds）或单链（ss）结构（详见第 34—35 页表格）。病毒基因组可能是线性的，也可能是环状的；可能是一整段，也可能分成多个片段——就像我们人类自己的基因组，分成数段，被称为染色体（我们有 23 对染色体）。

不同基因组类型的病毒仅能感染特定的某些域的生物，而 II 型单链 DNA 病毒是目前发现的唯一可以感染所有域的病毒。目前尚未发现可以感染古菌域的 RNA 病毒，在藻类以外的植物界中也没有发现 I 型双链 DNA 病毒。导致这些差异的原因还不是很清楚，但有可能与宿主的某些特性相关。例如，大多数双链 DNA 病毒的体积都很大，而植物细胞之间的间隙有限，病毒过大就无法通过这些间隙。一般来说，植物界拥有生物各界中最大的细胞，以及大部分最小的病毒。

世界上究竟有多少病毒呢？关于病毒多样性的第一次大规模研究是在 20 世纪 90 年代初开展的，研究对象是海洋中的病毒。通过电子显微镜或荧光显色法简单地计数海水中的病毒颗粒，科学家估计海洋中大约有 10^{30}（1 后面带 30 个 0）个病毒，大约为宇宙中恒星数量的 1000 万倍。尽管病毒颗粒很小，但因其数量庞大，这仍然代表着巨大的总生物量——相当于捕鲸时代之前海洋中所有鲸类总生物量的 15 倍左右。假设海洋中病毒的平均大小是 100 纳米，将它们都串在一起的话，其长度将一路延伸至银河系之外。

我们对陆地病毒的了解要少得多。虽然科学家对许多陆地系统也进行了病毒采样，但研究它们面临很多技术挑战。上面给出的海洋病毒的数量是估算的病毒颗粒的数量，但其中究竟包括多少种不同的病毒呢？这个问题的答案我们无从得知。越来越多的病毒还在不断被发现，但国际病毒分类委员会目前仅确认了 9000 多种病毒。几乎可以肯定的是，这不过是我们地球上实际存在的病毒的冰山一角。

>> 来自各种来源的病毒图像，包括艺术渲染图和电子显微镜下的照片，从中可见不同形态的病毒：（A）流感病毒；（B）巨细胞病毒；（C）天花病毒；（D）狂犬病毒

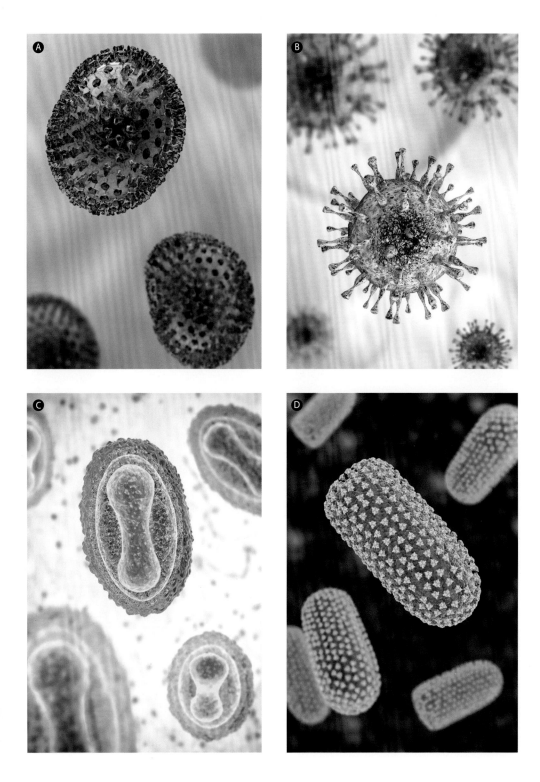

巴尔的摩分类系统和宿主类型

依照巴尔的摩分类系统划分的不同类型病毒会感染不同类群的宿主。右图的上半部分显示了不同类群的病毒在细胞生命三大域中的分布，而下半部分显示了不同类群的病毒在真核生物三大类群中的分布。

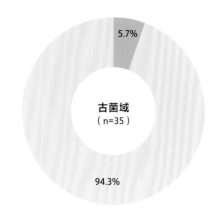

古菌域
（n=35）

5.7%

94.3%

∨ 不同类别的真核细胞

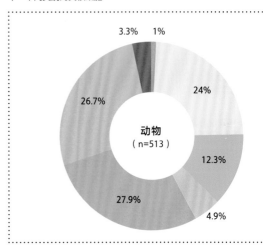

动物
（n=513）

3.3% 1%

24%

12.3%

4.9%

27.9%

26.7%

dsDNA：双链DNA

ssDNA：单链DNA

dsRNA：双链RNA

ssRNA（+）：单股正链RNA，（+）表示正链，也叫正义链，即其RNA可直接翻译成蛋白质

ssRNA（-）：单股负链RNA，（-）表示负链，也叫反义链，其RNA必须先转换为互补链，才能翻译成蛋白质

RT RNA：RT表示逆转录酶，即将RNA转化为DNA的酶；RT RNA病毒的感染宿主后，其RNA可以逆转录为双链DNA，然后插入宿主的基因组

RT DNA：在RT DNA病毒感染宿主后，其DNA可以转录为用于蛋白质合成的mRNA和用于病毒复制的前基因组RNA，后者可以逆转录成DNA以完成病毒的复制

∨ 不同类型基因组的病毒感染的宿主类型

基因组类型	I 型 dsD
动物界	可感染
植物界	尚未发
真菌界	可感染
原生生物界	可感染
细菌域	可感染
古菌域	可感染

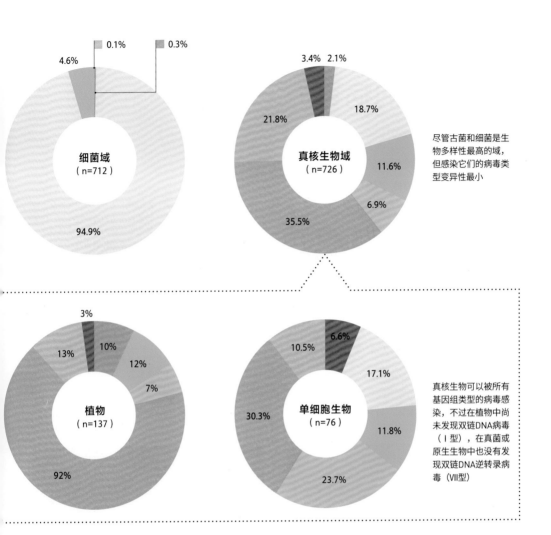

尽管古菌和细菌是生物多样性最高的域，但感染它们的病毒类型变异性最小

真核生物可以被所有基因组类型的病毒感染，不过在植物中尚未发现双链DNA病毒（Ⅰ型），在细菌或原生生物中也没有发现双链DNA逆转录病毒（Ⅶ型）

型 ssDNA[2]	Ⅲ型 dsRNA[3]	Ⅳ型 ssRNA(+)[4]	Ⅴ型 ssRNA(−)[5]	Ⅵ型 RT RNA[6]	Ⅶ型 RT DNA[7]
可感染	可感染	可感染	可感染	可感染	可感染
可感染	可感染	可感染	可感染	可感染	可感染
可感染	可感染	可感染	可感染	可感染	尚未发现
可感染	尚未发现	可感染	尚未发现	尚未发现	尚未发现
可感染	可感染	可感染	尚未发现	尚未发现	尚未发现
可感染	尚未发现	尚未发现	尚未发现	尚未发现	尚未发现

海洋中的病毒

　　海洋中的大多数病毒感染细菌或其他微生物，它们共同构成了海洋中生物量最大的成分。这些病毒对地球上的众多生命和能量循环至关重要，这将在"病毒与生态系统平衡"一章（第191页）中详细讨论。迄今为止，科学家已经从北极、温带、热带和南极海域采集并分析了150多个不同的水体样本，搜寻其中的病毒。在温带和热带海域，还采集了不同深度的水体样本。

↙ 2013年，人们首次发现海星会罹患一种病因不明的消耗性疾病。科学家在棘皮动物体内发现了浓核病毒，但该病毒在患病和健康的动物体内都存在，因此它可能并非致病因素

↘ 海豹和其他海洋哺乳动物可以感染流感病毒（但不是感染人类的毒株）。它们也经常会感染与麻疹相关的病毒，但目前尚不清楚这些感染是否会给动物带来什么问题

↖ 美国圣地亚哥州立大学的研究人员采集海洋样本来搜寻病毒

对于感染其他海洋生物（包括鱼类、甲壳类、植物和哺乳动物）的病毒，目前研究还很有限，但发生在海洋生物身上的疾病常常促使人们寻找病毒作为潜在病因。例如在2013年，当美国西海岸的海星开始相继死亡时，科学家在寻找病毒的过程中发现了一种常见的浓核病毒，这种病毒也理所当然地被视为导致海星数量下降的原因，但从来没有任何确切的证据可以证实这一推论，而且这种病毒在患病和健康的海星中都很常见。

研究人员也在可食用的软体动物和甲壳动物，如虾、牡蛎、螃蟹、龙虾和小龙虾中找到了病毒。在大多数情况下，病毒主要影响养殖物种（包括养殖的虾和牡蛎）。

水产养殖的历史非常悠久，但直到最近才被广泛用于养鱼。渔民们很少在捕捞到的野生鱼群中发现患病个体，不过一旦在养鱼场中发现鱼病毒，病毒学家便会进一步展开研究，在野生种群中寻找这些病毒。通过对感染淡水和海洋鱼类的病毒进行研究，人们现在已经发现了大量的病毒。有趣的是，在家养或养殖鱼类中引发疾病的病毒通常也存在于野生鱼类体内，但一般不会致病。

目前对海洋哺乳动物病毒的研究非常少，主要限于以下两类：一是流感病毒的近缘病毒，通常见于海豹和海象中；二是包括麻疹病毒在内的一大类病毒（见第152页）。除此之外，极少数在海洋哺乳动物中更广泛地寻找病毒的研究也发现了许多其他的病毒。

陆地上的病毒

　　地球上分布着许多不同的陆地和淡水环境，其中生活着大量不同的生命形式，包括植物、动物、真菌、细菌和古菌，病毒也存在于这些环境中。近期许多研究试图找到与特定环境或宿主相关的所有病毒，即病毒组。对人类病毒组的研究表明，我们体内充满了各种不同的病毒，其中一些感染我们自身的细胞，更多的则会感染我们体内的微生物。

>> 感染了番茄黄化曲叶病毒的番茄植株

Ⅴ 香蕉条纹病毒导致香蕉叶片的侧脉之间出现黄色条纹

土壤中的病毒

　　土壤中有大量的病毒，其中大多数是细菌或古菌病毒，但一些真核生物病毒也非常稳定，能够以休眠颗粒的形式在土壤中长期存活。2014 年，有人启动了一项非常有趣的土壤病毒研究，近 200 所学院和大学的本科生参与进来，主要在美国开展。学生们收集土壤样本，对其进行基因组序列分析，并利用复杂的计算机工具来找出其中存在的病毒。这项研究已经描述了约 20 000 种细菌病毒。

　　此外还有许多相似研究在不同的生态系统中开展，包括沙漠、盐碱地、南极原始土壤、农业土壤、森林土壤、河流沉积物和湿地，以发现新的土壤病毒。不同环境中发现的病毒数量差异很大：在森林或湿地等土壤最肥沃的环境中，一克土壤中可发现超过 10

亿个病毒颗粒；而在沙漠中，这一数字可能低至 1000 个。

植物和真菌中的病毒

　　植物是早期陆地病毒研究采样的重点。不过大部分研究都着眼于农作物中的病毒，而很少关注野生植物。大多数野生植物体内都存在多种病毒，却很少表现出任何疾病。在某些情况下，野生植物中发现的病毒也出现在农作物中。然而，目前尚不清楚是野生植物中的病毒感染了农作物，还是病毒正在从农作物向野生植物转移。

　　真菌是研究最少的病毒宿主之一，但近年来新的宏基因组学技术使研究人员能够描述真菌中各种明显的病毒感染。大多数真菌病毒并不致病，有些甚至对真菌生长有益，而另一些则被用于控制引发植物疾病的真菌。

昆虫病毒

　　世界各地的昆虫数量都在下降，据估计，自1990年以来，昆虫的总量每十年减少约9%。这一现象由多种因素造成，但病毒不太可能参与其中。有些病毒可以在昆虫种群中引发严重的疾病，例如导致大量昆虫死亡的杆状病毒，即大型Ⅰ型病毒。不过早在发现病因之前，人们已经充分研究了这些死亡事件，并发现这种现象是控制昆虫数量的自然循环的一部分：当任何病毒宿主种群过于密集时，病毒传播就会异常迅速。

　　作为地球上多样性最高的动物类群，昆虫体内寄生着种类繁多的病毒。被研究得最详尽的昆虫病毒是那些能够以昆虫为传播媒

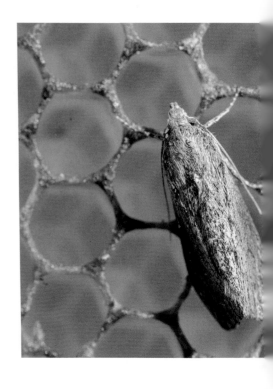

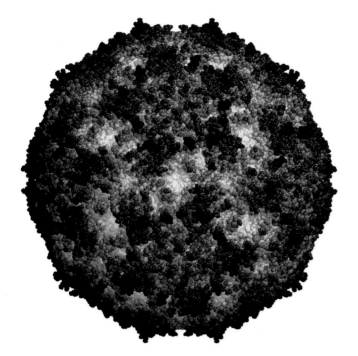

⤊　大蜡螟（*Galleria mellonella*）是蜜蜂的天敌，在全球各地都有分布。它的幼虫以蜂巢中的蜂蜡和花粉为食，会造成很大的破坏和经济损失

⤶　可以感染大蜡螟的浓核病毒。许多昆虫浓核病毒对其宿主是致命的，人们正在研究将其作为生物防治剂来防治害虫

⤴　世界上许多地方的蛙类数量都在严重下降，原因之一就是蛙病毒3型，这是一种遍布世界各地的蛙病毒

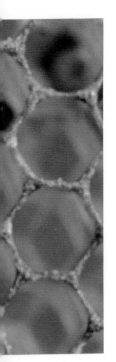

介，感染植物和哺乳动物的病毒（见第 113 页）。人们分析了西方蜜蜂（*Apis mellifera*）体内的病毒，发现一些致病病毒在一定程度上导致了家养蜜蜂数量的普遍下降。

脊椎动物病毒

目前对两栖动物和爬行动物的病毒研究甚少，尽管与许多其他类群的宿主一样，在它们体内发现的病毒数量正在增加，并且涵盖了所有主要的病毒科。在寻找病原体的过程中，人们也调查了一些病毒，例如，有种病毒与圈养的蚰蛇和蟒蛇的一种神经疾病有关。最近几十年，蛙类的数量下降尤其严重，尽管蛙类疾病的主要病原体是真菌，但病毒的致病力也不容忽视，蛙病毒在世界各地的蛙类种群中都有发现。

大多数关于鸟类病毒的研究都集中在家禽身上，尤其是鸡，不过鸭子、火鸡和鹅也是研究对象。对野生鸟类的病毒研究主要集中在特定的某些病毒上，例如野生水禽携带的流感病毒，以及乌鸦及其近缘鸟类携带的西尼罗病毒。由于许多鸟类有迁徙习性，它们是病毒远距离传播的绝佳宿主，因此在候鸟身上寻找人类和家养动物的致病病毒一直是研究的重点，迄今为止已发现近 300 种鸟类会感染甲型流感病毒（见第 248 页）。与其他宿主一样，鸟类携带许多病毒，但大多数野生鸟类通常不会表现出任何病毒性疾病的症状——不过也有少数例外，特别是那些影响离巢幼鸟的病毒。

蝙蝠体内充满了病毒，其中许多病毒都会感染其他哺乳动物，包括人类。导致人类新发疾病的许多病毒（包括埃博拉病毒、中东呼吸综合征病毒、SARS-CoV 和 SARS-CoV-2）很可能起源于蝙蝠。大多数蝙蝠病毒似乎不会导致蝙蝠发病（狂犬病是个例外）。蝙蝠的寿命很长（例如北美的莹鼠耳蝠 *Myotis lucifugus* 寿命约为 40 岁），并且每年可以移动数百千米，因此，蝙蝠和鸟类一样，都是有助于病毒传播的良好宿主。不过蝙蝠与人类的接触较少，它们携带的病毒往往通过中间宿主传给人类——例如，中东呼吸综合征病毒似乎是先从蝙蝠传播给骆驼，再由骆驼传给人类。

病毒和人类

在所有的哺乳动物病毒中，对影响人类的病毒开展的研究是最深入的。已经有大量研究探索过人类病毒组，并估算出其中包含约 10 万亿种病毒。它们不仅会感染人类细胞，还会感染生活在人体内的微生物（包括细菌和古菌），还有一些病毒只是通过食物摄取进入人体短暂停留。在不同的疾病状态下，人类体内的病毒谱会发生很大的变化，例如，重度营养不良和 1 型糖尿病都会导致人体内的病毒多样性下降，而结直肠癌会导致病毒多样性上升。有意思的是，似乎大多数其他哺乳动物，抑或说大多数生命形式，其体内的病毒数量都与人类相近。

目前对家养动物开展的病毒研究远远多于对野生动物，但由于人畜共患病会通过野生或家养的动物传播给人类，因此科学家也会调查野生动物携带的病毒。有些病毒或病毒类群可以同时感染人类与其他哺乳动物，而相较于其他动物，非人灵长类动物携带的病毒可能与人类更相似。

<< 一种叫作白鼻综合症的真菌疾病导致莹鼠耳蝠数量严重下降。在美国东北部，大约 90% 的莹鼠耳蝠死于这种疾病。这种真菌自身感染了一种病毒，而这种病毒可能也与白鼻综合症有关

>> 受感染组织中的尼帕病毒染色透射电子显微镜照片。尼帕病毒是一种由果蝠携带的、能导致严重人类疾病的病原体，它可能先从蝙蝠传播给马，然后再由马传播给人类

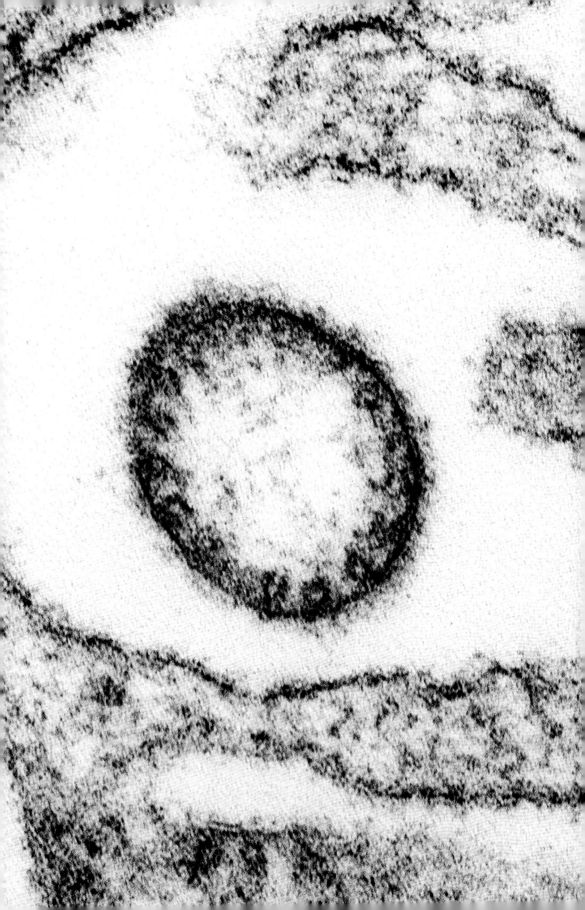

人类基因组中的病毒

科学家发现许多病毒片段构成了我们人类以及所有生命的基因组的一部分。这些病毒被称为内源性病毒，意思是"在基因组内的病毒"，其中对内源性逆转录病毒的研究最为深入。

逆转录病毒

逆转录病毒（Ⅵ型病毒）的基因组是RNA，一旦感染细胞就会逆转录为DNA，然后将DNA插入宿主细胞的基因组。所有的逆转录病毒都会在它们感染的细胞中进行这一过程。大多数情况下，这不会对宿主造成什么不好的影响，但偶尔会因为DNA插入特定的位置而改变基因的表达。极少数情况下，这些病毒会感染生殖细胞——卵子或精子，这会导致病毒在宿主基因组内传递给下一代。这种情况在演化史上发生过很多次——大约8%的人类基因组由逆转录病毒构成。在我们的基因组中还可以发现许多其他病毒或病毒的基因序列，它们就像是从前感染病毒的化石记录。对这些内源性病毒基因的研究也开辟出一个新的领域——古病毒学。

人类对地球上的病毒还知之甚少，而随着现代病毒学研究的深入，我们也会越来越发现自己的无知。所有这些病毒究竟有怎样的作用？将病毒仅仅视为病原体的观点正在发生变化，下面几章我们将更深入地探讨病毒的作用。

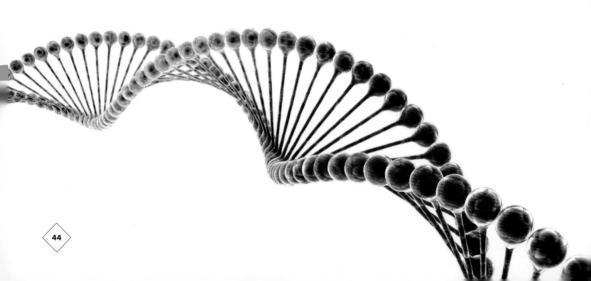

❯ 双链DNA分子的艺术渲染图。DNA分子是所有细胞生命和许多病毒的遗传物质

亚病毒生物体

病毒并不是我们身边最小的具有生物活性的东西——感染植物的类病毒 RNA 分子要比病毒小得多,它们的长度通常不到 400 个核苷酸,而且不编码任何蛋白质。它们所有的生物活性都来自 RNA 分子,这些小东西巧妙地利用宿主的酶来进行复制。

类病毒因其引发的疾病而闻名,如马铃薯纺锤块茎病(见第 56 页)、牛油果日斑病、柑橘裂皮病和椰子死亡病。它们通过植物之间的接触传播,还可能通过其他病毒或昆虫传播。

有些病毒还会感染其他病毒,它们被称为卫星病毒。这些病毒可以编码衣壳蛋白,但它们利用宿主病毒(被称为辅助病毒)来完成其他工作。还有一些类似的东西被称为卫星 RNA,它们不编码衣壳蛋白,有时甚至根本不编码任何蛋白质。一些卫星 RNA 能够显著影响辅助病毒,导致辅助病毒引发的疾病好转或恶化。例如,有一种卫星 RNA 能够感染黄瓜花叶病毒作为其辅助病毒,携带这种卫星 RNA 的黄瓜花叶病毒感染植株后会引发一种致命的疾病,并在约 10 天内杀死植株,番茄(*Solanum lycopersicum*)就深受其害。

❯ 马铃薯纺锤块茎类病毒使马铃薯块茎变成细长的纺锤状,并可能导致植株发育不良。这种病毒也会感染其他园艺植物,包括番茄

PCV-1 Porcine circovirus

猪圆环病毒 1 型

已知最小的病毒

- Ⅱ类
- 圆环病毒科 Circoviridae
- 圆环病毒属 Circovirus

基因组	环状、单分体[1]、单链DNA，约1760个核苷酸，编码两种蛋白质
病毒颗粒	二十面体
宿主	野猪及家猪（*Sus* spp.）
相关疾病	无，但同一家族的猪圆环病毒 2 型（PCV-2）可引起仔猪消瘦和腹泻
传播途径	接触
疫苗	工程病毒或热灭活病毒，用于治疗 PCV-2

猪圆环病毒 1 型（PCV-1）是一种基因组非常小的良性病毒，其病毒颗粒直径只有 17 纳米。不过，科学家现在已经识别出四种不同类型的猪圆环病毒（1—4 型）。

猪圆环病毒 2 型（PCV-2）可引起猪，尤其是仔猪的消耗性疾病，已经成为全球养猪业面临的严重问题。PCV-1 与 PCV-2 的基因非常相似，但它们对宿主的影响却大不相同，其原因目前尚不明确。

PCV-1 使用宿主复制自身 DNA 的酶（依赖于 DNA 的 DNA 聚合酶）在宿主细胞核内进行复制，其基因组的复制方式为滚环式：DNA 聚合酶以环状 DNA 为模板，不间断地复制新的 DNA，产生一长串的基因组，然后再切割成单位长度形成新的环状 DNA。虽然这种病毒只编码两种蛋白质，但对于其中一种控制其基因

组复制的蛋白质——Rep 蛋白，它可以表达两种不同的版本。这种用同一段基因序列表达多种产物的策略在小型病毒中很常见。

猪圆环病毒是被称为 CRESS（circular Rep-encoding single-stranded，环状 Rep 编码单链）病毒的一个病毒大家族的成员，最近的研究发现，这些病毒可以整合到整个真核生物域的宿主基因组中，但除了那些会引起疾病的病毒，如植物中的双生病毒，其他大多数从未被研究过。CRESS 病毒通常通过编码 Rep 蛋白指导其独特的滚环复制模式。

---

1 病毒的基因组可能由连续的单条DNA或RNA分子构成，也可能像真核生物的染色体那样分成不同的片段，这些不同的片段会被分别封装在衣壳中，形成大小不同的颗粒。单条连续基因组就叫单分体基因组，分装在不同颗粒中的病毒基因组就叫多分体基因组，根据分装颗粒的数量分为二分体、三分体，等等。

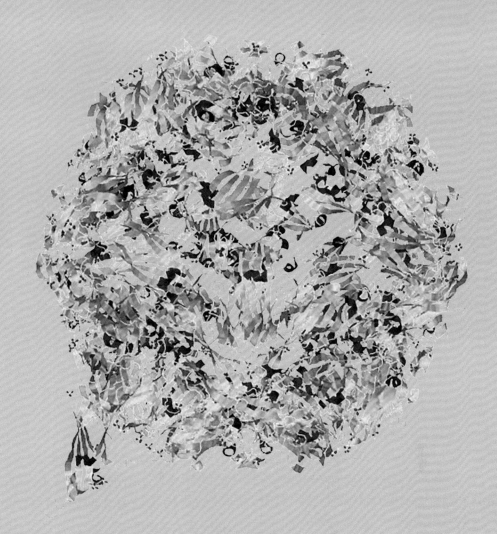

基于冷冻电子显微镜数据生成的PCV-1
衣壳的丝带模型图

Pandoravirus salinus

咸潘多拉病毒

已知基因组最大的病毒

- Ⅰ类
- 无
- 潘多拉病毒属　Pandoravirus

基因组	线性、单分体、双链 DNA，约 250 万个碱基对，编码约 2500 种蛋白质
病毒颗粒	一端开孔的长椭圆形
宿主	阿米巴原虫
相关疾病	细胞核退化
传播途径	通过水体扩散

　　咸潘多拉病毒的基因组是已知的所有病毒中最大的，但它并不是体积最大的病毒。目前已知体积最大的病毒是西伯利亚阔口罐病毒，长达 1.5 微米，其体积是咸潘多拉病毒的 1.5 倍。

　　在最近 20 年里，我们发现了许多新的巨型病毒，这些发现挑战了整个病毒群体的定义。这些巨型病毒大到可以通过简单的光学显微镜轻易看到；它们可以编码数千种蛋白质，甚至包括一些用于制造蛋白质的蛋白质；有趣的是，许多病毒还会感染单细胞原生生物，比如阿米巴原虫。潘多拉病毒因其非比寻常的形状而得名，发现它的研究人员认为这种病毒将挑战我们对病毒的理解，就像打开知识的潘多拉之盒。

　　早在 20 世纪 70 年代，我们就已经发现了一些可以感染藻类的大型病毒，但潘多拉病毒要更大，也更复杂。

　　潘多拉病毒是如此与众不同，以至于在分类学上只确定了种和属的名称，尚未厘清其上级归类。科学家在智利沿海水域寻找沉积物时发现了咸潘多拉病毒，后来在澳大利亚的淡水中也发现了一种同类病毒，并命名为甜潘多拉病毒（Pandoravirus dulcis）。这两种病毒都可以感染阿米巴原虫（Acanthamoeba castellanii），但出现的环境不同，地理位置也相去甚远，这说明它们的演化历史可能非常悠久。目前对该病毒的宿主及其生存环境的研究都非常有限，因此可能还有许多其他近缘病毒有待发现。

　　>>　甜潘多拉病毒的电子显微镜照片，它是咸潘多拉病毒的近亲。潘多拉病毒家族于2013年由法国国家科学研究中心基因组与结构信息实验室、法国生命科学与技术研究所大尺度生物实验室联合发现

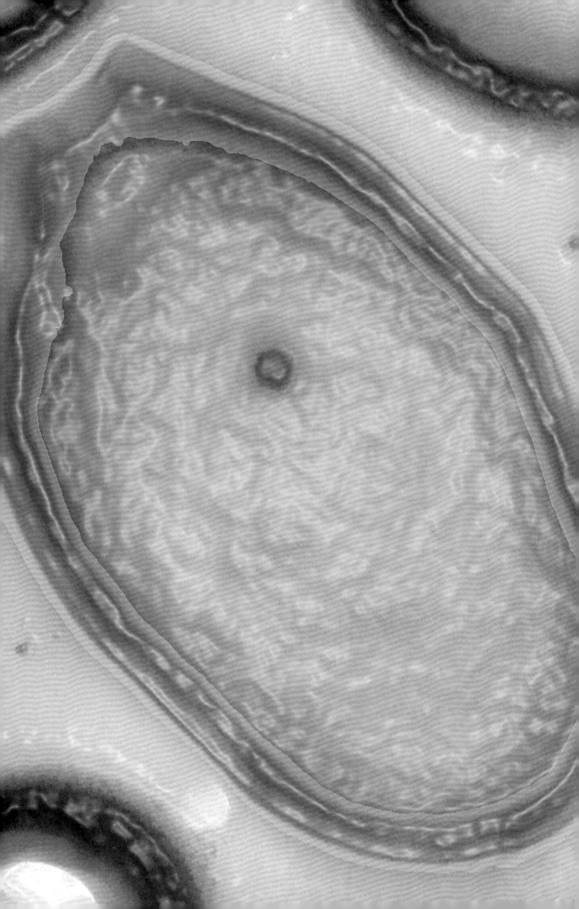

BSV Banana streak virus
香蕉条纹病毒
能在宿主基因组中出入的非凡病毒

- VII类
- 花椰菜花叶病毒科　Caulimoviridae
- 杆状 DNA 病毒属　Badnavirus

基因组	不连续的环状双链 DNA，约 7400 个碱基对，编码 6 种蛋白质，其中一些以多聚蛋白的形式合成
病毒颗粒	无包膜，细长多面体，长 150 纳米，宽 30 纳米
宿主	香蕉 (*Musa* spp.)
相关疾病	香蕉条纹病
传播途径	粉蚧、胁迫

　　香蕉条纹病毒（BSV）经由粉蚧传播，在非洲部分地区引起严重病害。这种病害在过去很罕见，但近年来随着微繁殖技术在香蕉繁殖领域的广泛应用而变得越来越常见。

　　香蕉有两个野生祖先种，可以分别缩写为 AA 和 BB。栽培香蕉通常是 AAA 的三倍体[1]（意味着它们有三组 A 染色体）或 AAB 的杂交体（有一套完整的 AA 染色体和一组 B 染色体）。AAA 是常见的甜点香蕉，AAB 则是大蕉。

　　香蕉的野生祖先 BB 对香蕉条纹病毒免疫，因为它的基因组中整合了一种内源性的香蕉条纹病毒。与大多数内源性病毒一样，这种病毒保留在 BB 的基因组中，并代代相传。然而，当 AAB 杂交细胞受到来自环境的胁迫时，就像在通过少量植物组织培养出新植株的微繁殖过

程中发生的那样，病毒会从 AAB 基因组中释放出来，这一过程被称为外源化。此时病毒就具有了传染性和传播性，尽管 AAB 香蕉的其中一条染色体上仍然有一个内源性病毒的副本，但这不足以保护它们免受病毒的侵害，粉蚧则可以在 AAA 和 AAB 两种基因型的香蕉之间传播这种病毒。

　　感染外源性香蕉条纹病毒的植株叶片上会出现条纹（见第 38 页），因为病毒会干扰叶片侧脉之间的叶绿素合成。

1　原文写的是AAAA的四倍体，但事实上四倍体香蕉非常少见，常见品种多为三倍体。

>> 香蕉条纹病毒颗粒的透射电子显微镜图像。这种病毒的长度很均匀，虽然图中也有一些较短的颗粒，它们通常是在样品处理过程中破碎的颗粒

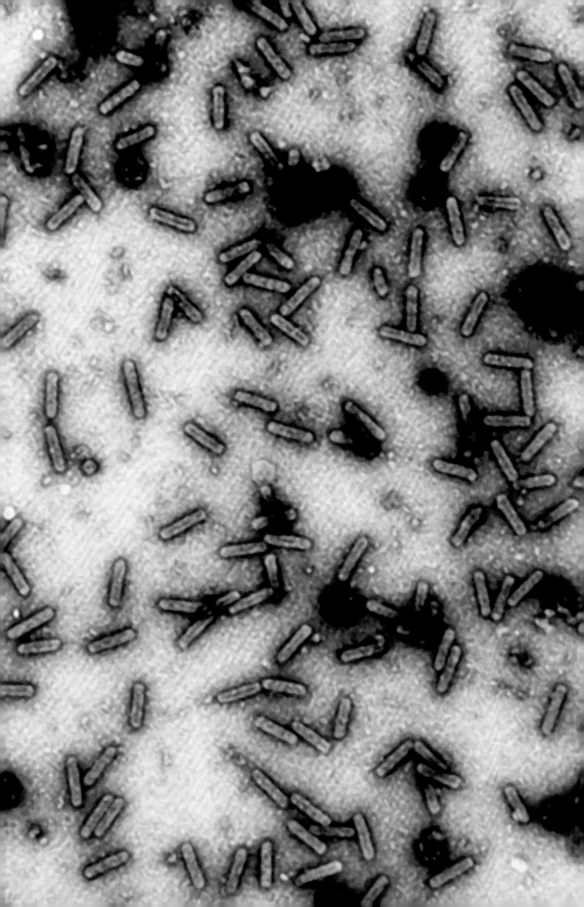

HERV-K Human endogenous retrovirus K

人内源性逆转录病毒 K

最年轻的人内源性逆转录病毒

- VI 类
- 逆转录病毒科　Retroviridae
- 乙型逆转录病毒属　Betaretrovirus

基因组	原病毒基因组
病毒颗粒	无
宿主	人类；其他类人猿也会感染类似的病毒
相关疾病	可能诱发癌症
传播途径	通过基因组垂直传播

　　人内源性逆转录病毒 K（HERV-K）并不是单一的某种病毒，而是在整个人类基因组中发现的一类相当大的部分或完整的逆转录病毒序列。其中，研究最充分的序列在人类基因组中大约有 90 个副本。

　　HERV-K 具有"活性"，因为其原病毒产生的 RNA 和蛋白质可以在各种人体组织中发现，尽管它们最常见于胚胎和睾丸。科学家已经发现该病毒的基因表达和癌症相关，但具体细节还不甚明朗。HERV-K 是少数真正的人类版的人内源性逆转录病毒，因为该病毒尚未在其他灵长类动物中发现，这意味着它是在人类与其他类人猿分化、走上独立的演化道路后才首次感染人类。这些病毒序列在人类基因组中出现的位置因人而异，这意味着在演化的时间尺度上，它最近一直在基因组中活跃地移动。

　　这些内源性逆转录病毒有什么作用吗？有些确实对人类有用，人内源性逆转录病毒 W（HERV-W）会产生一种被称为合胞素的蛋白质，对胎盘的形成至关重要。这意味着，如果没有这种病毒，就不会产生胎盘哺乳动物。此外，这些病毒在基因组中的位置似乎还会影响附近基因的开启或关闭。

　　≫　HERV-W整合到了人类基因组的许多位点上。这张照片是用荧光探针技术拍摄的，荧光探针能识别HERV-W的序列并发出荧光，从而让我们得以在显微镜下观察该病毒在人类染色体上的位置

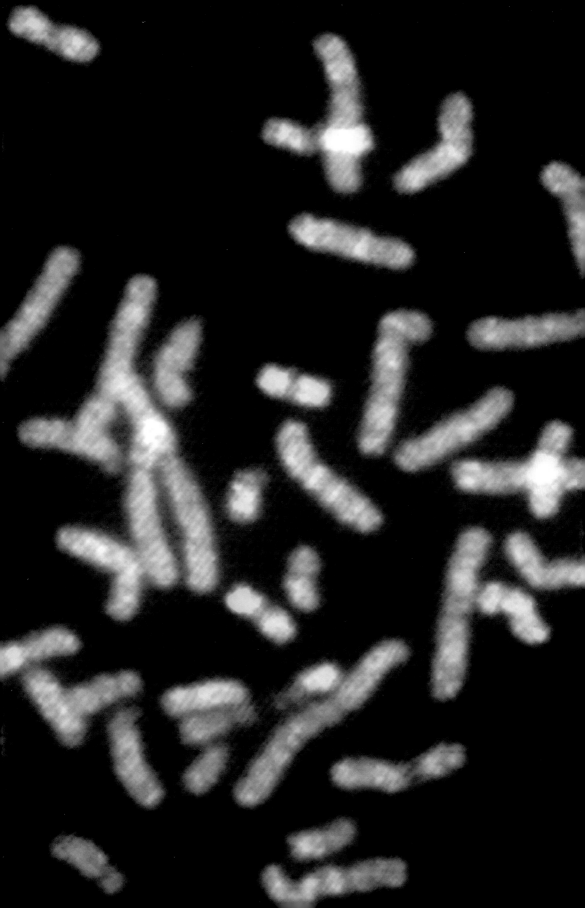

HDV　Hepatitis deltavirus

丁型肝炎病毒

搭便车的病毒

- V 类
- 三角病毒科　Kolmioviridae
- 三角病毒属　Deltavirus

基因组	由 1700 个核苷酸组成的环状单链 RNA，编码一种蛋白质
病毒颗粒	有包膜，球形，直径约 22 纳米，无内核
宿主	人类
相关疾病	急性肝炎
传播途径	性接触，体液传播，垂直传播
疫苗	乙型肝炎疫苗

丁型肝炎病毒（HDV）是一种卫星病毒，有时会在乙型肝炎病毒（HBV）感染中发现。它需要在辅助病毒 HBV 的帮助下进行组装，并使用辅助病毒的蛋白形成其包膜。

HDV 在世界多个地区均有发现，科学家将其分为三角病毒属下的 8 个不同种，然而，我们很少用这些种名来指代 HDV，因此在这里不作进一步解释。HDV 利用宿主的 RNA 聚合酶，像类病毒一样进行滚环复制。然而，与类病毒不同的是，它只编码一种蛋白质——德尔塔抗原。HDV 产生两种类型的德尔塔抗原蛋白，一种在感染早期产生，另一种在感染晚期产生并且可以抑制辅助病毒的复制。感染晚期产生的德尔塔抗原对 HDV 病毒的组装不可或缺。

人类可以在感染 HBV 多年以后感染 HDV，也可以同时感染这两种病毒。丁型肝炎病毒感染会导致乙肝症状恶化，当两种病毒同时感染时尤其如此。

HDV 颗粒

HDV 的基因组（左）使用 HBV 的蛋白质（右）包裹自身。

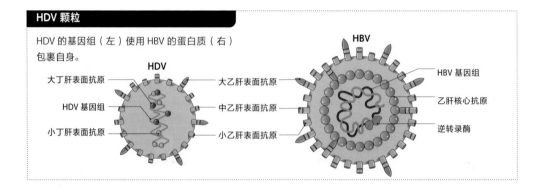

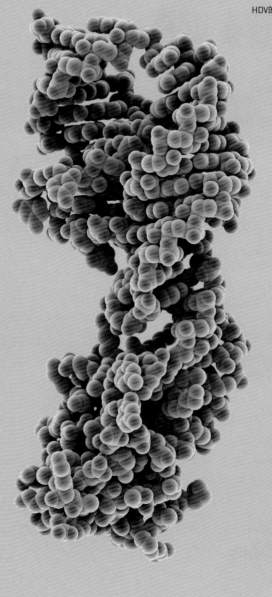

HDV的RNA折叠基因组的三维模型

丁型肝炎病毒自我复制时的产物是一长串连在一起的基因组，被称为多联体。病毒 RNA 中有一个被称为核酶的酶样部分，可以将多联体切割成基因组大小的片段，然后重新形成环状分子。分子生物学家会使用丁型肝炎病毒核酶作为工具，将细胞内的 RNA 分子切割成正确的大小。

PSTVd　Potato spindle tuber viroid

马铃薯纺锤块茎类病毒

RNA 世界的遗民

- 类病毒
- 马铃薯纺锤形块茎类病毒科　Pospiviroidae
- 马铃薯纺锤形块茎类病毒属　Pospiviroid

基因组	环状、单分体、单链 RNA，包含约 360 个核苷酸，不编码蛋白质
病毒颗粒	无
宿主	马铃薯（*Solanum tuberosum*），番茄和其他茄科植物
相关疾病	马铃薯纺锤块茎病，番茄生长迟缓
传播途径	种子，花粉，同时感染植物病毒时也可通过昆虫传播

　　类病毒是不编码任何蛋白质的简单环状 RNA 分子。它们的大多数核苷酸是互补的，可以形成碱基对，从而能够进一步折叠成复杂的结构。该结构的不同部分具有不同功能，有的负责类病毒的复制，有的对宿主产生不同的影响。尽管类病毒不编码任何蛋白质，但它们具有多种生物活性，一些研究人员推测它们可能是 RNA 统治的前细胞世界的残余。

　　类病毒采用滚环复制，这种复制方式的产物是由多个基因组副本串联而成的长 RNA 分子。一些类病毒含有核酶——一种酶样 RNA 分子，被认为是细胞生命出现之前的生物界残余，它可以将长 RNA 分子切割成正确的基因组大小。不过马铃薯纺锤块茎类病毒（PSTVd）不含核酶，而是选择宿主的一种酶来切割其 RNA 复制产物。

　　感染马铃薯纺锤块茎类病毒的马铃薯植株最明显的症状是马铃薯块茎呈细长的纺锤状。不过，这种类病毒也会感染番茄植株，导致其生长迟缓、色素变化，甚至植物组织死亡。马铃薯纺锤块茎类病毒与菊花矮化类病毒、番茄顶缩类病毒和柑橘裂皮类病毒亲缘关系相近，它们在各自的宿主中都引发了世界范围的严重病害。

PSTVd 基因组

马铃薯纺锤块茎类病毒基因组及其核苷酸碱基配对形成的二级结构。下图展示了基因组中具备不同生物活性的不同区域。

左端	致病性序列	中央保守区	可变区	右端

感染了PSTVd的马铃薯植株，其症状非常轻微。虽然马铃薯通常通过块茎繁殖，但这种植物也会开花结果，人们认为类病毒可能是通过真正的马铃薯种子在世界各地传播的

VIRUSES MAKING
MORE VIRUSES

病毒的复制

感染周期

如我们假设病毒有自己的目标，那一定是制造更多的病毒。病毒不会主动去诱发疾病或造福宿主，它们唯一想做的就是制造更多的病毒。只不过在这种繁殖本能的驱动下，有时病毒会让宿主受益，但这并非出自病毒的本意，而是强大的自然选择的结果。而在另一些情况下，病毒会无意中对宿主造成伤害，特别是当病毒和宿主还在通过适应和演化来调整彼此关系的磨合阶段。归根结底，病毒会不择手段地促进其自我复制。

病毒自我复制的整个过程是从感染宿主开始的。不过我们将在下一章讲述病毒进入（和离开）宿主细胞的细节，现在我们先假设病毒已经成功进入宿主细胞，那么对于许多病毒来说，下一步要做的是将其基因组从外壳中释放出来，即"脱壳"。各种病毒的脱壳过程不尽相同：许多病毒在到达宿主细胞中的目标位置之前不会脱离外壳的保护；

有些类型的病毒，比如基因组为双链 RNA 的病毒，则从不脱壳；逆转录病毒在将其 RNA 基因组转化为 DNA 之前会一直停留在感染颗粒内；而包括噬菌体和感染藻类的藻类病毒在内的其他一些病毒，会将它们的基因组直接注入宿主细胞，而将衣壳（完整的病毒颗粒）留在细胞外。

一旦感染周期开始，病毒将通过以下步骤进行繁殖：制造信使 RNA（mRNAs）用于指导蛋白质合成；复制自身基因组，并将基因组包装成新的病毒颗粒；新的病毒颗粒可以继续感染其他细胞或宿主。完成这些步骤的方式取决于病毒类型（基因组类型，见第 10 页和第 34 页）、宿主类型，以及病毒是否具有包膜（见第 104 页）。

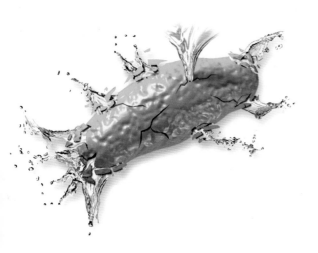

≪ 细菌细胞破裂的艺术渲染图

双链 DNA 病毒基因组的复杂性

一种复杂的双链 DNA 病毒，如马雷克氏病病毒，会产生大约 70 种不同的信使 RNA（mRNA），如图中不同方向的彩色箭头所示。该病毒的基因组是线性的，在这里将它画成环形是为了更清晰地展示所有基因。每个 mRNA 前后的信号序列会指导 RNA 聚合酶从正确的位置启动 RNA 合成，并在正确的位置终止。

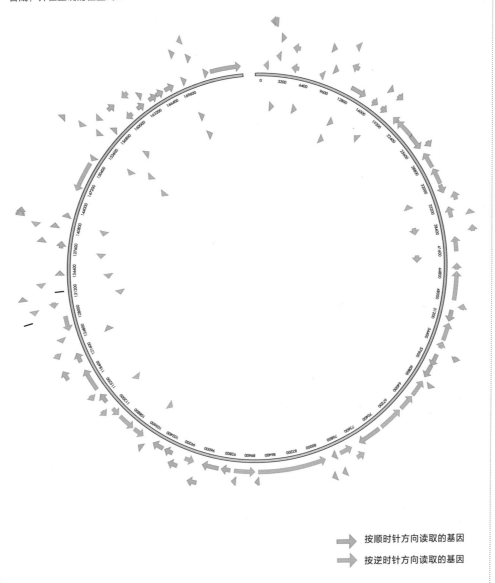

➡ 按顺时针方向读取的基因

➡ 按逆时针方向读取的基因

核苷酸的碱基配对

核苷酸是 DNA 或 RNA 的基本组成部分，其化学结构在核糖的 5′ 位有一个磷酸基，3′ 位有一个羟基。每个核苷酸的羟基与相邻核苷酸的磷酸基结合，彼此连接，形成长链分子。如图所示，每个长链分子的碱基通过氢键（如虚线所示）与另一条链上的互补碱基配对，形成双链 DNA。胞嘧啶 - 鸟嘌呤（C-G）碱基对的结合力比胸腺嘧啶 - 腺嘌呤（T-A）更强，因为 C-G 配对含有三个氢键，而 T-A 配对只有两个氢键。按照惯例，DNA 和 RNA 分子以从 5′ 端到 3′ 端的顺序书写，磷酸基在最前，羟基在最末。RNA 的化学结构与 DNA 非常相似，但胸腺嘧啶（T）被尿嘧啶（U）取代，并且核糖上多一个额外的羟基（OH）。

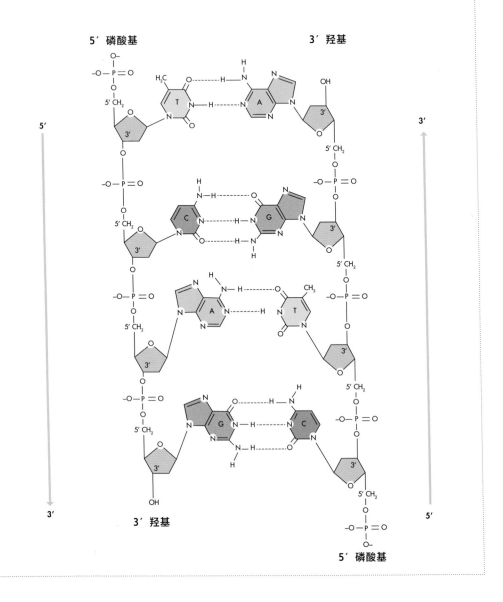

在 RNA 或 DNA 复制的过程中，碱基配对的机制可以确保核苷酸序列的正确性。这是一个相当精确的过程——腺嘌呤（A）总是与胸腺嘧啶（T）配对（或 RNA 中的尿嘧啶，U），鸟嘌呤（G）总是与胞嘧啶（C）配对——很少会出现错误导致突变（见第 132 页）。细胞生命的基因组进行复制时，还会有相关的酶进一步检查是否发生错误，这一过程被称为校对。一些利用宿主的酶进行复制的病毒就能利用这种校对机制来保证自身基因的稳定。然而，其他病毒，特别是 RNA 病毒，由于缺少校对过程，其基因组复制很容易出错，从而导致突变。

❯ SARS-CoV-2突起蛋白的三个副本，红色标记了D614G的突变，该突变于2020年在欧洲发现

DNA 病毒的复制

由于所有宿主细胞都使用双链 DNA 进行基因组复制，因此双链 DNA（dsDNA）病毒经常使用宿主细胞的酶来合成信使 RNA 并复制自身基因组。在真核生物宿主的细胞中，与基因复制相关的酶都位于细胞核内，因此这些病毒的大部分生命周期也在细胞核内完成。由于宿主细胞通常只在自身生命周期的复制阶段产生这些酶，病毒必须要把握好宿主细胞复制的时机。不过，许多病毒都有办法改变宿主细胞的周期，从而在需要的时候获得所需的酶。

双链 DNA 病毒

这类病毒通常非常庞大而复杂，可能有数百个编码蛋白质的基因（见第 61 页插图）。相比之下，许多小 RNA 病毒只有两个基因，少数 RNA 病毒只有一个基因。

RNA 和 DNA 的合成一般只沿着固定的方向进行，按照惯例写成 5′ 到 3′（见第 62 页插图）。双链 DNA 是双螺旋结构，在复制之前必须在解旋酶和拓扑异构酶的帮助下解旋形成两条独立的单链。在以 DNA 为模板合成 RNA 时，只有 3′ 到 5′ 链会参与复制，从而沿 5′ 到 3′ 方向合成 RNA。而 DNA 复制需要两条链的参与，过程更为复杂，因为只有一条链可以沿 5′ 到 3′ 的方向连续复制所有的核苷酸，另一条链必须以较短的长度分段复制，然后再拼接起来（见第 66 页插图）。复制 DNA 的酶在发挥作用之前需要与某种物质相结合，这通常是一种

被称为引物的 RNA 分子。引物酶通过合成 RNA 引物启动 DNA 的复制，不过在 DNA 连接酶将短片段 DNA 拼接起来之前必须移除这些引物。

大多数大型 DNA 病毒采取另一种策略来复制其基因组的第一个副本，然后通过优化的过程来复制更多的副本。痘病毒和许多小 DNA 病毒通过链置换合成来进行复制，而腺病毒可以使用与另一端互补的基因组一端作为引物。

↗ 一只感染了禽痘病毒的黑背信天翁（*Phoebastria immutabilis*）。野生鸟类感染禽痘病毒后通常会在几周内恢复

↘ 痘病毒横截面的艺术渲染图，红色表示基因组所在的核心区域

DNA 复制的细节

双链 DNA 在两条链上沿 5′ 到 3′ 方向合成。其中一条链（前导链）会在 DNA 解螺旋时进行连续复制，而另一条链（后随链）则必须以短片段的形式完成复制，然后被一种叫作 DNA 连接酶的酶拼接在一起。

这些短片段被称为冈崎片段，以首次发现它们的两位日本科学家的姓氏命名。解旋酶和拓扑异构酶能够解开双链 DNA，而单链结合蛋白则使其维持解链状态。不同的 DNA 聚合酶用于复制后随链和前导链。

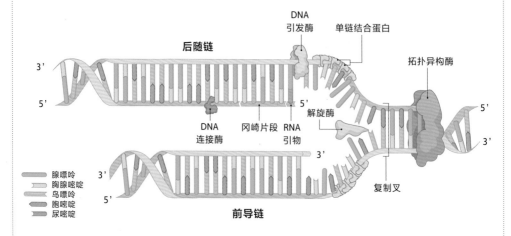

滚环复制

大型 DNA 病毒和大多数细菌 DNA 病毒通过滚环机制进行复制，即 DNA 沿着环状基因组连续复制。参与复制的酶如图所示，复制过程如下：

1 DNA 复制始于基因组的特定位置，称为"复制起点"。病毒核酸内切酶在复制起点切开一个切口；

2 复制机器完成组装，DNA 聚合酶位于 DNA 链的 3′ 端；

3 DNA 聚合酶和相关因子开始启动链置换合成，每复制一圈产生一个基因组副本，形成线状多联体单链 DNA。在多联体链上，引发酶合成 RNA 引物后，开始启动复制合成冈崎片段。最终，去除多联体链 RNA 引物并连接冈崎片段，形成双链 DNA；

4 复制叉继续向前产生长长的线状多联体，这些多联体最终将被剪切成一个个线状基因组，环化并封装。

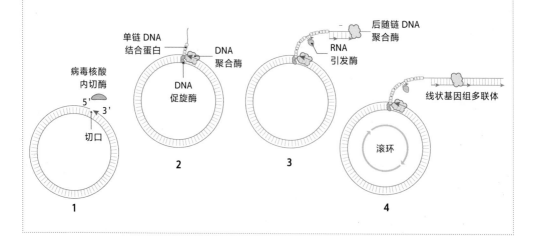

≫ 人腺病毒3型的五邻体颗粒结构

⌄ 基于透射电子显微照片的人类疱疹病毒艺术渲染图

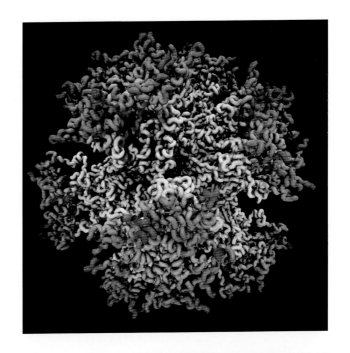

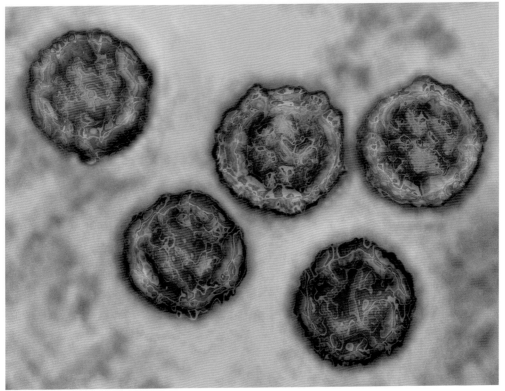

腺病毒的链置换复制

在链置换复制的过程中，一次仅复制一条链，并释放出一条单链 DNA，随后这条单链 DNA 再被复制成双链 DNA。如图所示，腺病毒基因组 DNA 的 5′ 末端结合有一个末端蛋白（TP）。腺病毒使用前末端蛋白（pTP）来启动 DNA 合成。前末端蛋白与聚合酶结合，形成前末端蛋白 - 聚合酶复合体（pTP-pol），引导聚合酶启动 DNA 合成（步骤 1）。聚合酶还充当拓扑异构酶来解开 DNA 双链，然后单链 DNA 结合蛋白（黄色，缩写为 ssDBP）使 DNA 保持单链状态（步骤 2）。

第一链完成复制后，形成的双链 DNA 中间体可以循环利用，从而复制更多的第一链（步骤 3）。一旦已合成足够多的第一链，它们便利用基因组两端的短互补序列首尾衔接成环状（步骤 4），然后以类似步骤 1 的过程开始合成第二链（步骤 5、6、7）。在痘病毒等大型 DNA 病毒中，基因组末端会回折成环以启动 DNA 合成，形成多个基因组连接在一起的多联体长链，然后再用病毒核酸内切酶将多联体切割成单个基因组。

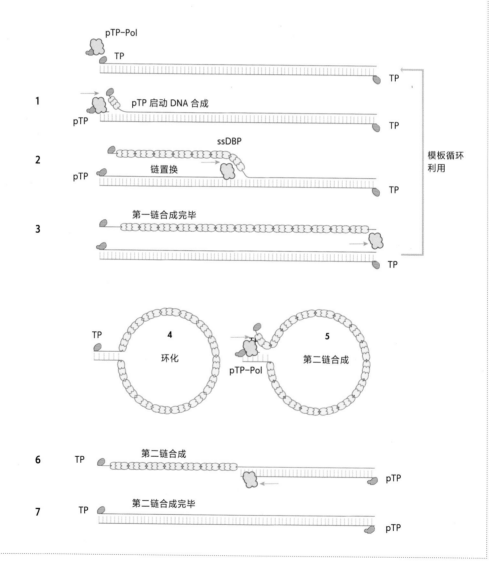

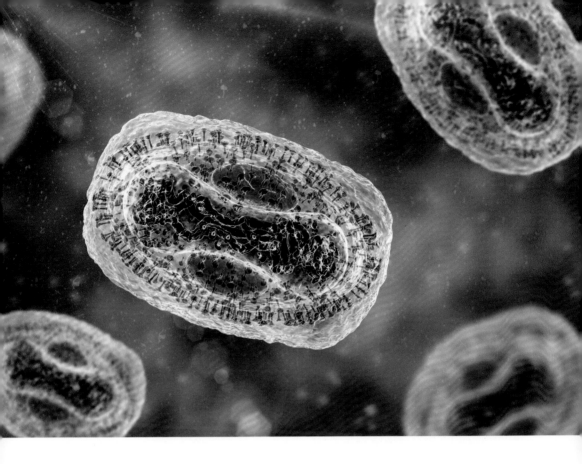

＾　计算机模拟的猴痘病毒。所有的痘病毒亲缘关系都非常密切，并且结构非常相似

　　双链 DNA 的复制过程是最复杂的，无怪乎许多病毒利用宿主的酶来完成这一过程。然而，某些双链 DNA 病毒拥有自己的一套酶来完成基因组复制，痘病毒就是其中之一。痘病毒在宿主细胞的细胞质中复制，整个过程用到了约 14 种蛋白质。复制 DNA 最重要的酶被称为 DNA 聚合酶。痘病毒的 DNA 聚合酶与真核细胞的聚合酶在演化上有一定关系，但存在本质差异。一些进化生物学家推测，痘病毒中参与基因组复制的酶比细胞生物中相关的酶更古老，而真核细胞的细胞核可能就起源于一种被早期原生细胞吞噬的痘样病毒。

单链 DNA 病毒

单链 DNA 病毒可能是地球上数量最多的病毒，在所有域的生物体内均有发现。这类病毒也非常古老——科学家在烟草的基因组中发现了一种双生病毒的序列，根据其在相关植物中的分布推算，这种病毒可能有 100 多万年的历史。一些单链 DNA 病毒特有的序列可见于哺乳动物、昆虫、真菌和细菌等多种宿主的细胞内。

大多数单链 DNA 病毒的基因组是环状的，而且非常小——这些病毒属于已知最小的病毒（如猪圆环病毒，见第 46 页）。其环状基因组被宿主 DNA 聚合酶复制成双链形式，然后用来产生信使 RNA 指导合成病毒蛋白质，并复制更多的基因组。

许多拥有环状基因组的单链 DNA 病毒通过滚环机制进行复制（见对页插图），这些病毒被统称为 CRESS 病毒（见第 46 页）。被称为 Rep 蛋白的病毒蛋白质在双链环的一条链上切开一个切口，并充当宿主聚合酶的引物，启动 DNA 合成。聚合酶沿着环合成单链 DNA，直至整个基因组复制完成。在某些病毒中，聚合酶复制完一整个基因组后并不会停下来，而是继续沿着环滚动复制，产生一长串连接在一起的基因组，被称为多联体。这些多联体之后会被切割成单个的基因组，然后利用宿主的酶闭合为环状。新合成的基因组可以重复这一复制过程，也可以封装成新的病毒颗粒。病毒在这一过程中用到了许多宿主的酶，但病毒利用这些酶完成的工作与宿主细胞本身的目的不同——例如，宿主的聚合酶通常被宿主用来合成双链 DNA，而病毒将其用于合成单链 DNA。双生病毒是一种感染植物的 CRESS 病毒（见 208 页），虽然它们在复制过程中用的是具有校对功能的宿主酶，但还是会像 RNA 病毒一样产生大量变异。不过大量的变异对病毒来说反倒是一种优势，因为变异使病毒可以更灵活地感染新的宿主。

拥有线性基因组的单链 DNA 病毒的复制方式为滚卡复制，如细小病毒（见第 264 页）。这些病毒的单链 DNA 末端通过碱基配对自身回折，形成一个发夹结构，作为引物启动 DNA 合成。

<< 感染双生病毒的辣椒植株，叶片表现出典型的亮黄色症状

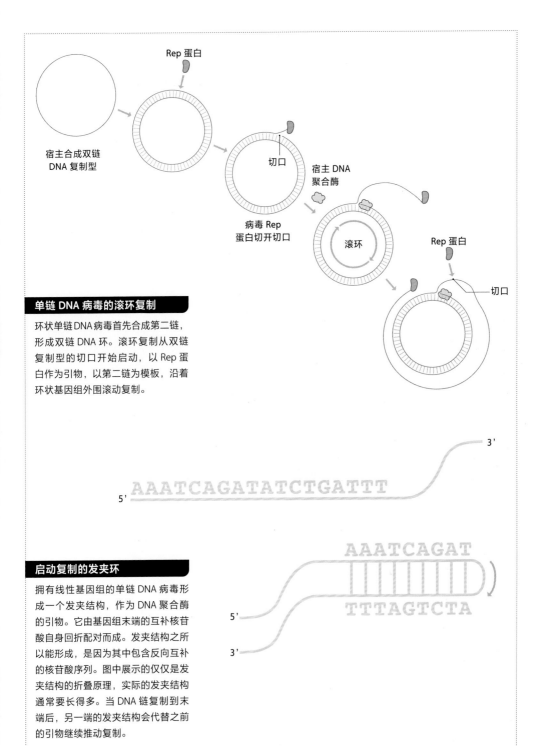

Rep 蛋白

宿主合成双链
DNA 复制型

切口

宿主 DNA
聚合酶

病毒 Rep
蛋白切开切口

滚环

Rep 蛋白

切口

单链 DNA 病毒的滚环复制

环状单链DNA病毒首先合成第二链，形成双链 DNA 环。滚环复制从双链复制型的切口开始启动，以 Rep 蛋白作为引物，以第二链为模板，沿着环状基因组外围滚动复制。

3'

5' AAATCAGATATCTGATTT

AAATCAGAT

启动复制的发夹环

拥有线性基因组的单链 DNA 病毒形成一个发夹结构，作为 DNA 聚合酶的引物。它由基因组末端的互补核苷酸自身回折配对而成。发夹结构之所以能形成，是因为其中包含反向互补的核苷酸序列。图中展示的仅仅是发夹结构的折叠原理，实际的发夹结构通常要长得多。当 DNA 链复制到末端后，另一端的发夹结构会代替之前的引物继续推动复制。

5'

3'

TTTAGTCTA

RNA 病毒的复制

RNA 病毒会编码自己的复制酶，即"依赖于 RNA 的 RNA 聚合酶"。与宿主依赖于 DNA 的 RNA 聚合酶不同，这种酶可以将 RNA 复制成 RNA，而非将 DNA 复制成 RNA。由于 RNA 聚合酶不需要引物，因此 RNA 复制相较 DNA 复制要简单的多。大多数依赖于 RNA 的 RNA 聚合酶不具备 DNA 聚合酶所具有的校对功能，因此更容易出错。但冠状病毒的聚合酶是个例外，它可以纠正一些错误。

在宿主细胞中，信使 RNA 将 DNA 携带的遗传密码带出细胞核，指导细胞质中的核糖体合成蛋白质，而转运 RNA（tRNA）则在信使 RNA 和用于制造蛋白质的氨基酸之间充当桥梁。细胞内的酶会给信使 RNA 的 5′ 端加上一种被称为"帽"的结构，从而使 RNA 被识别为细胞自身物质而非外来物质，避免被降解或引发免疫反应。而在信使 RNA 的 3′ 端，通常还有一串腺嘌呤残基，称为多聚腺苷酸尾（poly-A tail）。病毒也会利用这些结构来欺骗宿主细胞，不过有些会在 5′ 端结合蛋白质，有些则在 3′ 端连接转运 RNA。

RNA 病毒可采取不同的策略来从基因组合成信使 RNA 并翻译成蛋白质。其中常见的一种策略被称为"一条 RNA，一种蛋

≪ 感染了番茄斑萎病毒的烟草植株。该病毒是一种感染植物和昆虫的反义链RNA病毒，与动物病毒是近亲

病毒基因组的保护结构

病毒 RNA 的 5′ 端和 3′ 端具有不同的结构，以保护它们不被宿主细胞的酶降解。与细胞本身的 RNA 一样，病毒 RNA 的 5′ 端可能有一个帽状结构（右上），3′ 端可能有一个 Poly-A 尾（右中），但有些病毒用一种名为病毒末端结合蛋白（VPg）的蛋白质来代替帽状结构（中间），3′ 端则代之以转运 RNA（底部）。

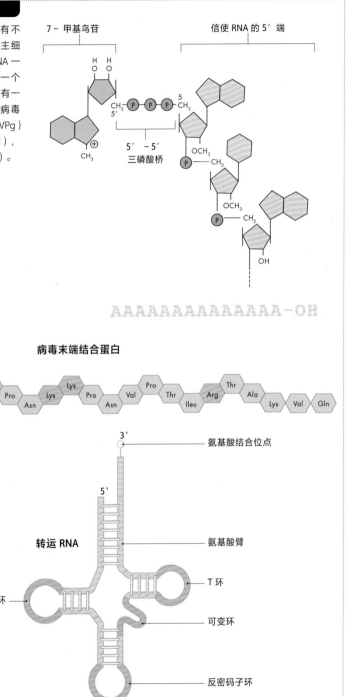

AAAAAAAAAAAAAA—OH

病毒末端结合蛋白

转运 RNA

白质"，即每种蛋白质在基因组中都是由独立的片段编码的，如流感病毒（第248页）。另一种策略是用单个 RNA 分子制造出一个大分子多聚蛋白，然后再将多聚蛋白切割成正确的大小，形成不同的单体蛋白，这种策略可见于肠病毒属的脊髓灰质炎病毒（第206页）和鼻病毒（第124页），以及大多数植物病毒。第三种策略是从基因组合成较小的 RNA 分子——亚基因组 RNA——来充当信使 RNA，烟草花叶病毒（第92页）就采取这一策略。有些病毒会同时使用多种策略，例如黄瓜花叶病毒（第210页）。最后，一些反义链 RNA 病毒会在其基因组的不同位置启动或终止 RNA 复制，利用其基因组 RNA 充当转录信使 RNA 的 DNA 模板，从而直接制造信使 RNA。这类病毒的基因组 RNA 中有特定的核苷酸序列，可以作为标记告知聚合酶从哪里开始，在哪里停止，就像信使 RNA 上含有特定的密码子（启动子和终止子）标记蛋白质合成的起点和终点（见第8页表格）。

　　许多 RNA 病毒会诱导宿主细胞用膜形成一种复杂的结构——病毒浆，以此作为复制组装的场地。病毒浆为病毒的复制提供了一个排除所有宿主细胞干扰的安全空间，同时也将原本自由漂浮在细胞质中的那些复制所需的酶集中在一起。

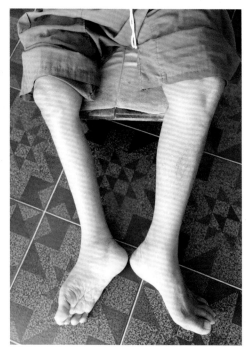

↖ 鼻病毒会引发普通感冒。感染人类的鼻病毒有很多种，而且感染后产生的免疫力只能维持几年，所以人们不可能对感冒免疫

↘↘ 脊髓灰质炎病毒可导致脊髓灰质炎（小儿麻痹症），这是一种影响神经并可能导致瘫痪的严重疾病。有些人患病后可以痊愈，但也有人会留下终生残疾

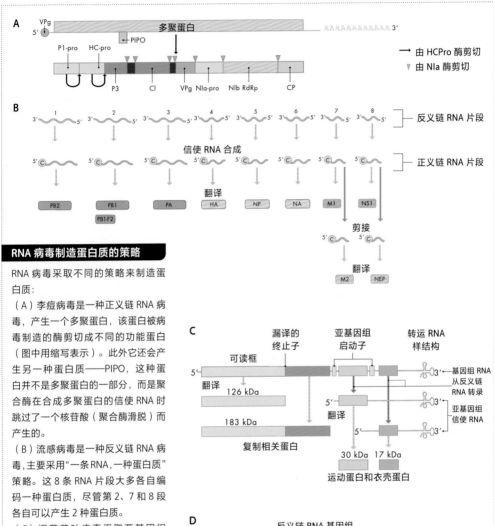

RNA 病毒制造蛋白质的策略

RNA 病毒采取不同的策略来制造蛋白质：

（A）李痘病毒是一种正义链 RNA 病毒，产生一个多聚蛋白，该蛋白被病毒制造的酶剪切成不同的功能蛋白（图中用缩写表示）。此外它还会产生另一种蛋白质——PIPO，这种蛋白并不是多聚蛋白的一部分，而是聚合酶在合成多聚蛋白的信使 RNA 时跳过了一个核苷酸（聚合酶滑脱）而产生的。

（B）流感病毒是一种反义链 RNA 病毒，主要采用"一条 RNA，一种蛋白质"策略。这 8 条 RNA 片段大多各自编码一种蛋白质，尽管第 2、7 和 8 段各自可以产生 2 种蛋白质。

（C）烟草花叶病毒采取亚基组 RNA 策略。其基因组 RNA 中含有被称为启动子的标记，可以引导聚合酶从正确的位置开始合成 RNA。它还会利用"漏译"来最大限度地利用同一段基因生产不同的蛋白质：一个通常表示翻译结束的终止密码子，在偶然情况下被读取为氨基酸，从而导致蛋白质合成继续。

（D）弹状病毒，另一种反义链 RNA 病毒，可以直接从感染宿主的基因组为每种蛋白质合成信使 RNA。

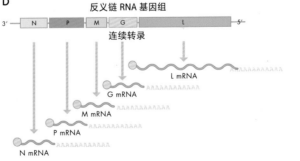

双链 RNA 病毒

这类病毒的病毒颗粒中携带有聚合酶，它们不会完全脱壳，而是在病毒核心颗粒内合成信使RNA并复制RNA基因组的副本，然后将这些产物排到宿主细胞内。之所以会演化出这样的机制，可能是由于宿主细胞本身不会产生大的双链RNA分子，因此这些病毒的基因组RNA会触发多种免疫应答，于是病毒将基因组留在衣壳内，以免被宿主的免疫系统发现。

双链RNA病毒通常遵循"一条RNA，一种蛋白质"的规律。一些较为常见的人类双链RNA病毒的基因组包括10条或11条RNA，它们全部被封装在单个病毒颗粒中。而许多植物和真菌的双链RNA病毒的基因组则相对简单（见第234和242页），每个RNA片段都被包装成独立的病毒颗粒，单链的植物病毒同样如此。对于病毒来说，颗

双链 RNA 病毒的复制

双链RNA病毒复制时，其RNA的5′端可能裸露，也可能带帽或与病毒末端结合蛋白结合。基因组RNA首先会在衣壳内复制，产生信使RNA和前基因组RNA。聚合酶通常位于衣壳内的顶点处，即5个衣壳蛋白结合在一起的位置。一旦宿主细胞用信使RNA制造出病毒蛋白，这些病毒蛋白就会包裹单链的前基因组RNA，封装成新的病毒颗粒，然后在颗粒内合成第二条链形成双链RNA基因组。与大多数RNA病毒一样，双链RNA病毒的生命周期发生在宿主细胞内一种被称为病毒浆的结构中，该结构被来自宿主细胞的一层膜包裹着。

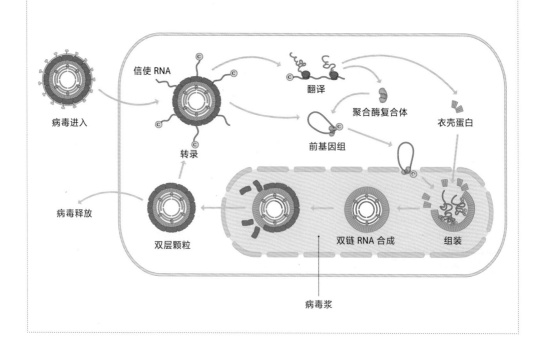

病毒进入　　信使RNA　　转录　　翻译　　聚合酶复合体　　衣壳蛋白　　前基因组　　病毒释放　　双层颗粒　　双链RNA合成　　组装　　病毒浆

粒越小越容易制造，也越容易在细胞间移动。不过对于这些小颗粒病毒，需要足够多的病毒颗粒进入到同一个细胞中才能完成感染。

　　病毒产生的信使 RNA 被宿主核糖体翻译成蛋白质，这些蛋白质会复制出新的基因组并将其包装成新的病毒颗粒，从而完成病毒的生命周期。不过，双链 RNA 病毒一开始包装的是前基因组，即基因组的单链版本，直到前基因组被安全地包装成新的病毒颗粒，才会复制第二链，形成完整的双链基因组。

⋏　生长在北美的大部分悬钩子都感染了悬钩子潜隐病毒，这是一种不会引发任何症状的双链RNA病毒

单链 RNA 病毒

单链RNA病毒有两种类型：正义链（＋）病毒和反义链（－）病毒。正义链RNA病毒的基因组可以直接充当信使RNA，翻译出复制所需的聚合酶，因此无需在颗粒中携带聚合酶。这对病毒学家来说是个意外之喜，因为他们可以直接用这类病毒的基因组RNA来感染细胞。许多研究使用可以在实验室中人工诱导突变的病毒克隆，来分析正义链RNA病毒的遗传学特征。例如，如果使病毒的某个基因缺失，然后观察其感染过程有什么变化，我们就可以知道这个基因的功能——这种操作被称为反求遗传学。另一种方法是将一种病毒的基因插入另一种特征不同的病毒的基因组，观察其是否会获得新的特性——这叫作功能获得遗传学。这些工具非常强大，已经帮助我们了解了数千种病毒和病毒基因。不过这种研究也隐藏着潜

正义链 RNA 病毒的复制

正义链RNA病毒的复制通常发生在宿主的细胞质中，感染宿主的RNA能够充当信使RNA，因此可以直接从基因组合成第一批蛋白质（翻译），然后利用病毒的酶和宿主的其他物质合成反义链。在反义链合成完毕后，到新的正义链合成完毕之前，病毒RNA可能会临时以双链形式存在，用于制造更多的信使RNA或新的基因组。这些病毒的基因组复制效率可以达到非常高的水平，因为每个基因组RNA都可以用来制造许多反义链，然后每个反义链又可以制造许多正义链。

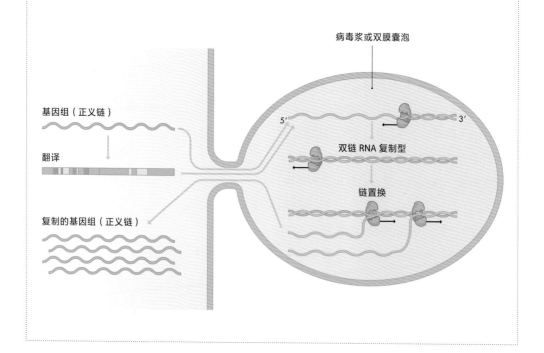

反义链 RNA 病毒的复制

反义链 RNA 病毒的基因组不能直接翻译为蛋白质，因此它需要像双链 RNA 病毒一样携带聚合酶用于合成正义链。正义链的合成从 5′ 前导序列开始，生成信使 RNA 或新的基因组。然后以正义链 RNA 为模板合成反义链 RNA 基因组，再进一步包装成病毒颗粒。

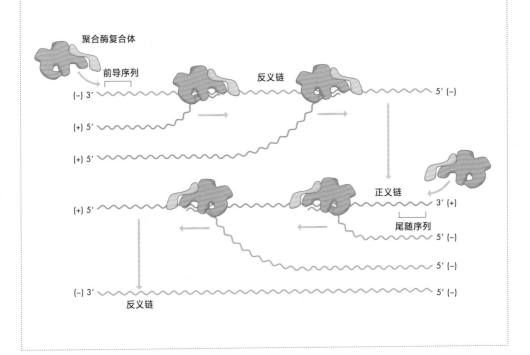

在的风险，特别是在研究一些会导致严重疾病的病毒时。因此，科学家们会采取非常严格的预防措施以避免工程病毒泄漏到实验室之外。

单链 RNA 病毒基因组复制的方式是先生成一条链，再生成另一条链，其间会产生双链形式的中间产物。复制过程发生在病毒浆内，以防双链 RNA 被宿主细胞检测出来。

不过双链形式只是临时存在，病毒最终的目标是复制更多的单链基因组。

反义链 RNA 病毒的基因组不能充当信使 RNA，必须先合成互补的正义链，因此它们和双链 RNA 病毒一样需要携带聚合酶。反义链 RNA 病毒也可以在实验室中克隆，但这一过程比正义链 RNA 病毒要复杂得多，因为必须要为每个克隆体分别提供聚合酶。

逆转录病毒和拟逆转录病毒

有些病毒可以将其基因组在 RNA 和 DNA 之间进行转换。例如，逆转录病毒的病毒颗粒中通常携带有两份单股正义链 RNA 基因组与独特的聚合酶——逆转录酶。这种可以将 RNA 逆转录为 DNA 的酶发现于 20 世纪 70 年代，在那之前分子生物学家曾一度认为 RNA 是不可能被逆转录为 DNA 的。

逆转录病毒

逆转录病毒具有包膜，并通过包膜与宿主细胞膜的融合进入细胞。一旦进入细胞，包膜内的病毒物质就会转移到细胞核内，并将其 RNA 基因组逆转录成双链 DNA。然后，这些 DNA 会被插入宿主细胞的基因组中，并且将一直留在宿主细胞以及该细胞的后代中。如果这一事件发生在生殖细胞（如精细胞或卵细胞）中，病毒序列就会永久成为宿主基因组的一部分。这就是为什么如今我们能够在生物的基因组中发现如此多的逆转录病毒序列（人类基因组有 8% 是由逆转录病毒构成的）。大多数情况下，这些病毒感染的不是生殖细胞，因此那些整合的病毒序列并不会传给宿主的后代。

整合进宿主细胞的基因组后，逆转录病毒的 DNA 就会表现得和宿主的其他基因一样。宿主酶从整合的病毒序列合成信使 RNA，并进行剪接。剪接对于信使 RNA 来说是个非常常见的过程，因为细胞生物的信使 RNA 由内含子和外显子组成，在剪接过程中移除那部分就叫内含子，而保留的部分则是外显子。宿主细胞的酶会切掉内含子，将外显子拼接在一起，从而产生成熟的信使 RNA。通过剪接，可以将单个 RNA 分子加工成几种不同的信使 RNA，从而合成病毒所需的所有蛋白质。其中有些是多聚蛋白，被称为蛋白酶的病毒消化酶可以将它们切割成病毒所需的功能蛋白。由于这些蛋白酶是逆转录病毒所特有的，因此已被用作开发抗逆转录病毒药物的靶点。这些病毒的基因组也是由整合到宿主基因组的 DNA 转录生成的，它们会被封装成新的病毒颗粒（每个颗粒中含有两条基因组 RNA），然后穿过宿主的细胞膜排出，并在排出的过程中获得新的包膜。

研究人员经常使用逆转录病毒作为载体来研究他们感兴趣的基因。在实验室中，研究人员会将目标基因克隆到病毒中，然后转移到细胞内进行研究，最常用的病毒载体是感染小鼠的马洛尼小鼠白血病病毒。科学家

逆转录病毒的复制

逆转录病毒通过将包膜与细胞膜融合并释放包含两个基因组副本的内核进入宿主细胞。构成病毒基因组的单链 RNA 被病毒的逆转录酶转化为双链 DNA。然后，病毒核心转移到细胞核，病毒的双链 DNA（粉红色）整合到宿主基因组（蓝色）中。在那里，细胞就像合成自己的信使 RNA 一样制造出病毒的信使 RNA 和新的病毒基因组。病毒蛋白在细胞质中合成，并用于组装新的病毒颗粒。

RNA 剪接

当 DNA 被转录成 RNA 时，转录产物包含可翻译成蛋白质的部分（外显子）和不翻译蛋白质的部分（内含子）。内含子携带与基因调控相关的其他信息。必须从 RNA 中切除内含子，才能产生成熟的信使RNA链，这一过程由核糖核蛋白完成——顾名思义，核糖核蛋白是由 RNA 部分和蛋白质部分结合在一起构成的。大多数真核生物和一些病毒的基因都含有内含子。

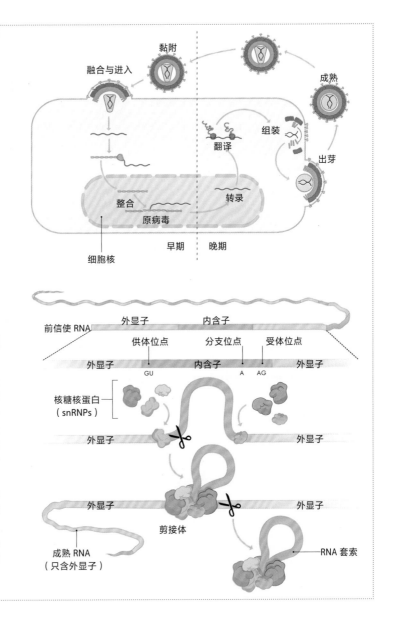

还计划将逆转录病毒用于基因治疗，为遗传病患者提供其突变基因的正常副本。关于病毒的有益用途，请参阅本书第230页。

逆转录病毒广泛见于多种不同类群的动物。不过目前在真菌、原生生物和植物中还没有发现有活性的逆转录病毒，但在这些生物的基因组中有发现这些病毒的部分基因序列，表明它们过去曾感染过这些生物。

拟逆转录病毒

虽然拟逆转录病毒与逆转录病毒有一些相似之处，但拟逆转录病毒封装的基因组是DNA 或 DNA-RNA 杂交链。这类病毒常见于植物中，少数种类也可在人类和其他动物中发现，例如嗜肝病毒。

虽然也发现有些拟逆转录病毒会整合进宿主基因组，但这一过程对于它们自身的复制通常不是必须的。拟逆转录病毒以双链DNA 的形式进入宿主细胞核，并与一种叫作组蛋白的细胞蛋白质（通常结合在染色体上）结合，转化为"微型染色体"。然后，宿主细胞以此为模板转录出信使 RNA，这一过程与逆转录病毒的信使 RNA 合成过程

拟逆转录病毒的复制

花椰菜花叶病毒是感染植物的拟逆转录病毒（VII型）。一旦病毒进入细胞，就会释放 DNA 基因组（1）。病毒基因组进入细胞核并被转化为完整的双链 DNA¹（2）。病毒基因组与宿主组蛋白结合（3）。宿主酶转录出两条信使 RNA（4），其中一条合成 P6 蛋白（5），另一条则合成所有其他病毒蛋白（6）。逆转录酶（RT）将 RNA 前基因组转化为 DNA（7），然后合成第二链（DNA）（8）并封装成病毒颗粒（9）。

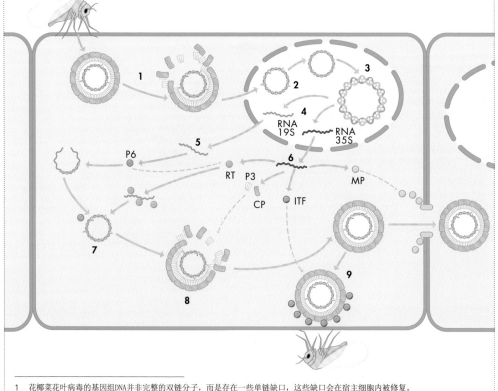

1　花椰菜花叶病毒的基因组DNA并非完整的双链分子，而是存在一些单链缺口，这些缺口会在宿主细胞内被修复。

相似。同时，也会转录出全长 RNA 作为前基因组，病毒再将其转化为 DNA 基因组。在有些拟逆转录病毒中，前基因组会被完全转化为双链 DNA，但在其他病毒中转化并不完全，因此病毒颗粒封装的基因组是一个 DNA 与 RNA 混合的杂链分子。

逆转录病毒和拟逆转录病毒的整合可以对宿主造成非常严重的影响。在某些情况下，病毒可能破坏关键基因的表达；而在另一些情况下，当这些病毒的基因组整合到某些基因附近时，可以激活这些基因并导致癌症。许多病毒还携带癌基因或致癌基因，因此它们的整合可以通过直接提供癌基因，或是激活宿主基因组中的某个基因而导致癌症。

>> 花椰菜花叶病毒是一种拟逆转录病毒，可以感染多种农作物。图中卷心菜叶片的畸变就是这种病毒导致的

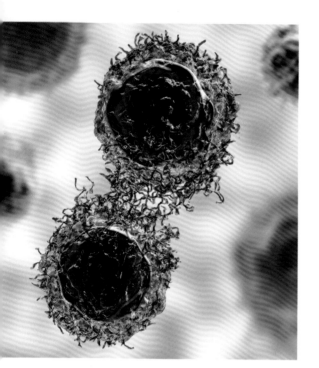

对于所有病毒来说，复制的关键步骤都只能在活细胞内进行。病毒需要从宿主那里获取完成这一过程的所有基础成分，包括核苷酸、氨基酸、合成蛋白质的机器，通常还有酶。有些病毒的复制效率非常高，以致会把细胞"压垮"——例如，据估计每一个感染急性植物病毒的细胞都会复制出数百万病毒颗粒。另一方面，有些病毒复制的数量少得多，可能不会被宿主注意到——例如，持久性植物病毒（见第 234 页）在每个细胞内产生的副本不到 500 个。

人 伯基特淋巴瘤的癌细胞，这是一种由爱泼斯坦-巴尔病毒（简称EB病毒，也叫人类疱疹病毒4型）引发的癌症

>> BARF1的丝带模型结构。BARF1是EB病毒的致癌基因，这种疱疹病毒在人类中引发单核细胞增多症，并且与多种人类癌症有关，包括伯基特淋巴瘤、咽喉癌和胃癌，但是目前仅在离体培养的细胞中探明致癌基因的作用

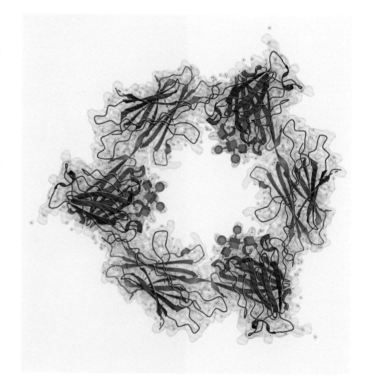

类病毒和亚病毒的复制

类病毒是具有感染性的小 RNA 分子，最常在植物中发现，如马铃薯纺锤块茎类病毒（第 56 页）。它们被分为两个主要的科，马铃薯纺锤块茎类病毒科（Pospiviroidae）和鳄梨日斑类病毒科（Avsunviroidae）。类病毒利用宿主的酶进行复制，如 RNA 聚合酶 II ——宿主用来将 DNA 转录为信使 RNA 的酶，或是叶绿体 RNA 聚合酶。这两个科的类病毒都使用滚环复制的方式进行复制，但采取不同的策略来将多联体加工成单个基因组：马铃薯纺锤块茎类病毒科的成员使用一种叫作核糖核酸酶 III 的宿主酶，而鳄梨日斑类病毒科使用自身基因组中一种叫作核酶的结构化 RNA。核酶是一种具有催化功能、像酶（酶通常是蛋白质）的 RNA 分子。按照惯例，我们把类病毒的基因组链称作正链，但它并不编码任何蛋白质。

还有许多其他的感染性小 RNA 或 DNA 也以类似于类病毒的方式复制，它们总是伴随病毒出现，因此被称为亚病毒，例如丁型肝炎病毒（第 54 页）。

类病毒的复制

不同科的类病毒复制过程也不同。马铃薯纺锤块茎类病毒科在宿主细胞核中复制，使用宿主的 RNA 聚合酶 II，而鳄梨日斑类病毒科在叶绿体（植物细胞中负责光合作用的细胞结构）中复制，使用宿主的叶绿体 RNA 聚合酶（NEP）。在这两种情况下，环状基因组都是通过滚环方式复制的。在非对称途径中，反义链 RNA 多联体会被复制成正义链 RNA 多联体，然后被宿主的核糖核酸酶 III（RNase III）剪切成基因组长度，再通过宿主的 RNA 连接酶连成环状。在对称途径中，反义链多联体被类病毒编码的核酶（一种可以自我切割的 RNA 结构）切割成基因组长度，再被滚环复制成正义链多联体，然后被类病毒核酶剪切成基因组长度。

非对称途径（如马铃薯纺锤块茎类病毒科）

对称途径（如鳄梨日斑类病毒科）

Fowlpox virus
鸡痘病毒
引发严重家禽疾病的病原体，但很容易通过接种疫苗控制

- Ｉ类
- 痘病毒科　Poxviridae
- 禽痘病毒属　Avipoxvirus

基因组	线性、单分体、双链 DNA，包含约 29 万个碱基对，编码约 260 种蛋白质
病毒颗粒	具包膜，砖块状，约 360 纳米 × 250 纳米的
宿主	鸡、火鸡
相关疾病	鸡痘
传播途径	蚊子，吸入
疫苗	鸽痘病毒减毒活疫苗

　　鸡痘病毒与引发人类天花、猴痘的病毒，以及一系列感染鸟类的相似的痘病毒属于近亲。根据传播途径的不同，该病毒引发的症状也不同，因蚊子叮咬感染病毒的鸟类症状较温和，通常会完全康复；而从其他受感染的鸟类身上吸入病毒的鸟类通常会死亡。

　　与所有痘病毒一样，鸡痘病毒利用自身的 DNA 聚合酶在受感染细胞的细胞质中进行复制。而大多数其他大型 DNA 病毒利用宿主的酶进行复制，其中那些感染真核生物的病毒会在被感染细胞的细胞核中完成复制。根据不同基因在初发感染后被激活的时间早晚，鸡痘病毒的基因可分为"早期"、"中期"和"晚期"基因。早期基因的产物在感染细胞后约 30 分钟开始表达，而晚期基因可能在感染后 2 天才被激活。直到中期基因被激活后，病毒才会完全脱壳。晚期基因编码构成病毒颗粒的蛋白质，也被称为结构蛋白。

　　有些鸡痘病毒毒株的基因组中包含一个完整的逆转录病毒。这是内源性逆转录病毒出现在另一种病毒而非宿主基因组内的特例，然而目前仍不清楚这种现象是如何产生的。含有这种逆转录病毒基因组的鸡痘病毒毒株更有可能导致受感染鸟类产生淋巴瘤（一种癌症）。

　　大多数商业饲养的禽类都接种了预防鸡痘的疫苗，不过家养的鸡仍有可能被鸡痘病毒感染。消灭传播病毒的蚊子可以遏制鸡痘病毒的传播，但倘若鸟群被感染，目前尚无法治疗。

>> 参与鸡痘病毒复制的两个蛋白质的丝带模型图，它们与病毒DNA结合在一起，模型中心的双螺旋结构就是病毒DNA

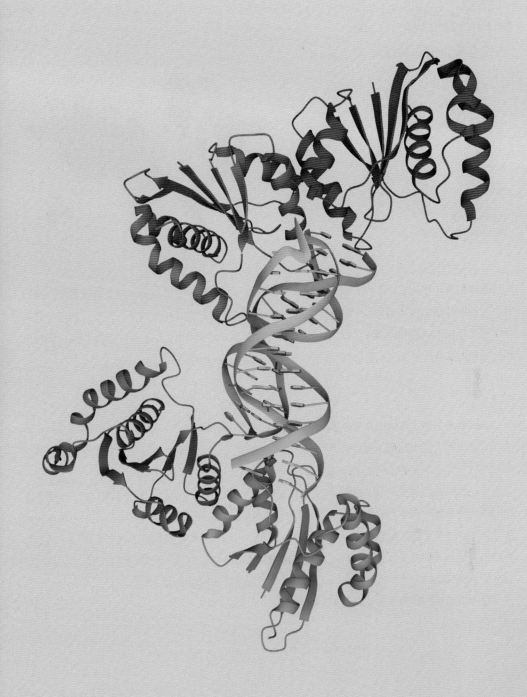

TTV1 Torque teno virus 1

细环病毒 1 型

人类病毒组的主要成分

- Ⅱ类
- 指环病毒科 Anelloviridae
- 甲型细环病毒属 Alphatorquevirus

基因组	环状、单分体、单链 DNA，包含约 3900 个核苷酸，编码 4 种蛋白质
病毒颗粒	二十面体，直径约 30 纳米
宿主	人类，其他哺乳动物中也发现有同类病毒
相关疾病	无
传播途径	尚不明确

　　细环病毒 1 型（TTV1）于 20 世纪 90 年代末在一位接受肝移植的患者身上首次发现。该病毒有时被叫作输血传播病毒，但实际上它在人体中普遍存在，也并不导致任何疾病。然而，其病毒水平在不同的人群中可能有很大差异，在健康个体中 TTV1 约占人体病毒组的 10%，但在为器官移植做准备而接受免疫抑制治疗的病人体内，TTV1 占比高达 65%。

　　细环病毒 1 型的基因组变异性很大，因此科学家在不同人群中开展了很多研究。这种病毒在农村和城市地区的人群中都普遍存在，并且在单一社区内相似度更高，这说明它是在局部人群内传播的。有些人体内有多种变异株的细环病毒，许多人还有抗猪细环病毒的抗体。目前尚不清楚该病毒是如何传播的，其传播途径可能多种多样。

　　在生命体外的环境中也可以找到细环病毒 1 型，例如在供水系统、废水处理设施和医院中都可以检测到它。这说明它非常稳定，能够承受各种环境压力。

　　由于宿主个体之间的 TTV1 水平存在高度差异，科学家们提出可以将其作为一种人类指纹来研究人类迁移模式、进行法医鉴定。这种病毒还可以作为一种环境质量指标，用来评估人类粪便对地下水的污染。

　　>> 计算机生成的细环病毒1型模拟图

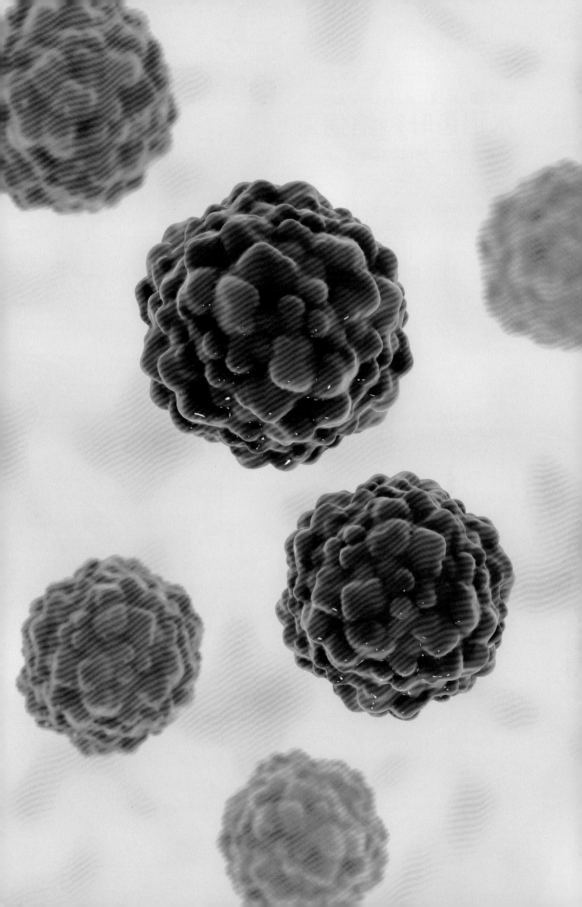

RRSV Rice ragged stunt virus

水稻齿叶矮缩病毒

感染昆虫媒介的植物病毒

- Ⅲ类
- 呼肠孤病毒科 Reoviridae
- 水稻病毒属 Oryzavirus

基因组	线性双链 RNA，包括 10 个片段，约 26 000 个碱基对，编码 13 种蛋白质
病毒颗粒	双二十面体，无包膜，有刺突，直径约 70 纳米
宿主	水稻，禾草，飞虱
相关疾病	水稻矮缩病
传播途径	叶蝉

　　水稻齿叶矮缩病毒（RRSV）可以视为一种以昆虫为传播媒介的植物病毒。它可以感染水稻和叶蝉，但只在植物中引发严重疾病。

　　为了感染两类截然不同的宿主——植物和昆虫，水稻齿叶矮缩病毒必须准备相应的工具来进入宿主细胞内。RRSV 感染昆虫后也会传染给后代，因此它还得跨越另一个障碍进入胚胎。

　　感染 RRSV 的水稻会植株矮化，叶片卷曲，叶缘出现锯齿状缺刻，尽管病毒感染不会导致水稻植株死亡，但会使其产量大大降低。这种疾病的防控也非常困难，因为喷洒农药灭杀叶蝉往往弊大于利——因为化学杀虫剂不仅对人类和野生动物有毒，而且还会杀死叶蝉的天敌。

　　像所有双链 RNA 病毒一样，RRSV 进入宿主细胞后不会脱壳，它们本身携带有相关的酶，能够在病毒颗粒中制造 RNA，新的 RNA 合成后从病毒颗粒中排出，进入宿主细胞。其中信使 RNA 用于合成蛋白质，前基因组则被包进新组装的病毒颗粒中，然后在颗粒内合成另一条 RNA 链，形成双链基因组。

　　呼肠孤病毒可以感染哺乳动物、昆虫、植物和真菌。其前缀"reo-"代表呼吸道（respiratory）、肠道（enteric）和孤立（orphan），以哺乳动物呼肠孤病毒的特性命名，因为哺乳动物感染该病毒后通常没有症状，也没有任何疾病与之相关[1]，所以它们被称为孤病毒，即不引发疾病的病毒。不过如今我们知道，其实大多数病毒都不会引发疾病。

1　大多数动物自然感染呼肠孤病毒后不表现出临床症状，但有些也会引起呼吸道、胃肠道或其他器官的功能异常。

水稻齿叶矮缩病毒会在水稻植株中引发一种严重疾病，尽管通常不会导致植株死亡，但是和大多数植物病毒导致的疾病一样，也无法被治愈，最好的策略通常是清除受感染的植株，以免进一步扩散

TMV Tobacco mosaic virus

烟草花叶病毒

病毒传说的起点

- IV类
- 帚状病毒科 Virgaviridae
- 烟草花叶病毒属 Tobamovirus

基因组	线性、单分体、单链 RNA，约 6400 个核苷酸，编码 4 种蛋白质
病毒颗粒	刚性棒状，无包膜，长约 300 纳米、直径约 18 纳米
宿主	烟草（*Nicotiana* spp.）及许多近缘物种
相关疾病	花叶病、坏死
传播	机械损伤

　　烟草花叶病毒（TMV）是人类发现的第一个病毒。科学家在叶片呈浅绿色和深绿色镶嵌的病变烟草植株的汁液中发现了这种病毒。研究人员发现，它可以通过受感染植株的汁液传播给其他植株，而且小到可以通过 0.2 微米的过滤器，因此绝非细菌。

　　烟草花叶病毒是一种典型的正义链 RNA 病毒，其基因组可以直接作为信使 RNA 发挥作用。这种病毒的基因组 5′ 端有一个帽状结构，3′ 端有一个转运 RNA 结构（见第 73 页插图）。作为信使 RNA，烟草花叶病毒的基因组可以直接翻译出两种不同的蛋白质，因为其中含有一段特殊序列，原本是一个向核糖体发出停止翻译信号的终止密码子，但偶尔可以被读取为氨基酸，从而导致翻译继续，产生另一种蛋白质。烟草花叶病毒的基因组还可以复制出两个较小的 RNA（亚基因组 RNA），它们作为信使 RNA 可以分别翻译出衣壳蛋白和运动蛋白，运动蛋白可以帮助病毒在植物细胞间移动。

　　通过对烟草花叶病毒的研究，科学家在病毒学和分子生物学方面取得了许多重大进展：它是第一个被结晶的病毒，让我们得以更详细地了解病毒的结构；它也是第一个在电子显微镜下观察到的病毒；它对于理解遗传密码（即 RNA 如何编码氨基酸来制造蛋白质）很重要，也是首次证明 RNA 是遗传物质的证据之一；它还是第一个人工转移到植物体内的病毒基因，科学家利用基因工程技术将其衣壳蛋白转移到烟草植株中，从而使烟草植株对烟草花病毒感染产生抗性。

　　许多烟草对烟草花叶病毒具有抗性，因为它们有一种基因，可以导致被病毒感染的细胞死亡，在叶片形成小的坏死斑，即局部病变，于是病毒无法传播到这些斑点之外。然而，这

计算机生成的烟草花叶病毒切面结构
图，蓝色代表衣壳蛋白，橙色代表
RNA

种效应对温度很敏感——如果将被感染的植株
置于高温环境（高于 28 摄氏度）下，该基因就
会失效，病毒依旧会传播，之后如果再将植物
转移到低温环境下，就会导致整个植株坏死。

Lyssavirus rabies
狂犬病毒
世界上最可怕的病毒之一

- V 类
- 弹状病毒科　Rabdoviridae
- 狂犬病毒属　Lyssavirus

基因组	线性单链 RNA，约 11 000 个核苷酸，编码 5 种可被切割为功能单位的蛋白质
病毒颗粒	子弹状，有包膜，长约 180 纳米，宽约 75 纳米
宿主	哺乳动物，在实验室中也可感染鸟类和爬行动物
相关疾病	狂犬病
传播途径	咬伤
疫苗	灭活疫苗

　　狂犬病毒在北美和欧洲的人群中很罕见，但在一些没有为宠物全面种疫苗的国家和地区，人感染狂犬病毒的病例较多。它经常通过动物咬伤传播，引发狂犬病导致患者癫狂并死亡。

　　狂犬病毒在人体中的潜伏期较长，往往在初发感染几个月后才发病，导致我们很难确定最初的感染源。狂犬病的早期症状通常是发热、头痛，然后进一步发展成脑部炎症。狂犬病一旦发病基本是致命的。美国威斯康星州有一例记录在案的康复病例，一个女孩在 2003 年感染狂犬病后，经过联合治疗（包括诱导昏迷）存活了下来，这种治疗方案现在被称为密尔沃基疗法。然而，虽然也有一些其他病例使用该方案后存活的报告，但他们的病历记录并不完善，无法证明该疗法的有效性，总的来说，该方案最终还是被认为无效而遭到弃用。

　　尽管狂犬病几乎无法治愈，但狂犬病疫苗却非常有效。如今许多地区的宠物普遍接种了疫苗，工作中可能与携带狂犬病毒的动物接触的人，包括兽医和野生动物研究人员，也可以接种疫苗。狂犬病感染初期进展非常缓慢，因此在已知暴露后接种疫苗也可以有效预防发病。用动物（包括马和羊）制造的免疫血清曾经是暴露后唯一的治疗手段，其注射过程非常痛苦。尽管如此，现在仍会在接种疫苗的同时注射免疫血清以应对深度暴露。

　　狂犬病的主要感染源是野生动物，包括蝙蝠、浣熊、臭鼬和野犬。鸟类也可能感染狂犬病毒，但不会出现任何症状。人类感染的狂犬病毒通常来自蝙蝠[1]，尽管被蝙蝠叮咬很罕见，

1　在欧洲和北美等地，宠物普遍接种了狂犬病疫苗，因此蝙蝠咬伤是这些地区常见的狂犬病来源，但在狂犬病高发区——中国和印度，宠物疫苗接种率不高，主要传染源是病猫、病犬。

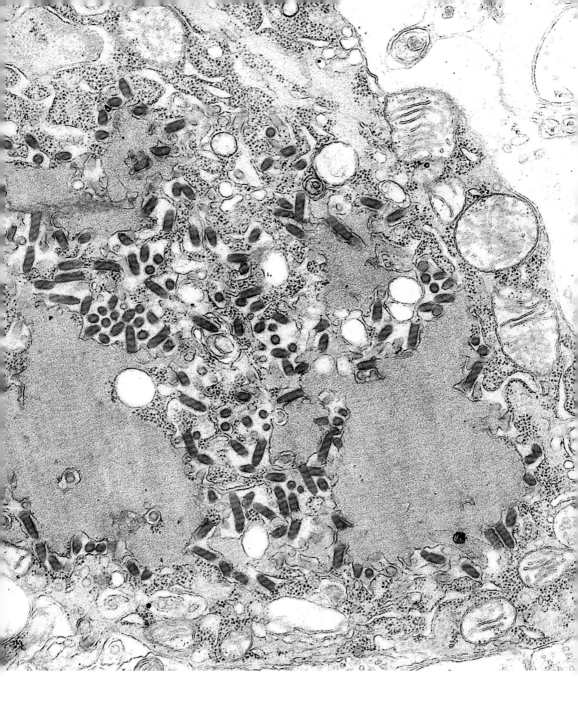

但也很容易被忽视从而造成严重后果。蝙蝠携带的可以传染给人类的病毒大部分不会导致蝙蝠发病，但狂犬病毒似乎是个例外，尽管自然感染狂犬病毒通常不会导致蝙蝠死亡，但确实会引发一些临床症状。

> ⌃ 透射电子显微镜下的感染狂犬病毒的染色组织切片。红色为狂犬病毒，蓝色为细胞内容物

RSV Rous sarcoma virus

劳斯肉瘤病毒

人类发现的首个会导致癌症的逆转录病毒

- Ⅵ类
- 逆转录病毒科 Retroviridae
- 甲型逆转录病毒属 Alpharetrovirus

基因组	线性单链 RNA，约 7200 个核苷酸，编码 4 种蛋白质
病毒颗粒	有包膜，球形核心直径约 90 纳米
宿主	鸟类
相关疾病	肿瘤
传播途径	实验室注射
疫苗	无

　　劳斯肉瘤病毒（RSV）是 100 多年前由美国病理学家弗朗西斯·佩顿·劳斯（Francis Peyton Rous，1879—1970）发现的。他发现，鸡身上有一种癌症，可以通过注射感染组织提取物的方式传染给其他鸡。由于劳斯在注射前已经让提取物通过了一个可以滤过较大微生物的过滤器，因此他得出结论，导致肿瘤形成的病原体是某种病毒。劳斯也因这项工作获得了 1966 年的诺贝尔奖。

　　劳斯肉瘤病毒是一种典型的逆转录病毒，其基因组包含两条相同的 RNA，封装在一个病毒颗粒中，RNA 的 5′ 端结合有病毒末端结合蛋白，3′ 端带有 poly-A 尾。病毒基因组逆转录为 DNA 并整合进宿主细胞的基因组后，会转录出信使 RNA 并翻译成第一个多聚蛋白，然后通过通读产生 Pol 蛋白，即逆转录酶。第二个多聚蛋白的信使 RNA 是通过剪接第一条信使 RNA 并去除其首个蛋白质编码区而产生的。

　　对劳斯肉瘤病毒的研究让我们发现了癌基因，这些基因出现在一些逆转录病毒和细胞中，与癌症的发生相关。它们向细胞发出信号，让细胞合成其他蛋白质，包括生长因子（癌症本质上是细胞生长失控，无限增殖）。在发现劳斯肉瘤病毒后，科学家又在许多动物身上发现了其他逆转录病毒，其中一些也会诱发肿瘤。然而，直到 1977 年，科学家才在人类中发现第一个逆转录病毒，并且迄今仍未发现会导致人类癌症的逆转录病毒，不过确实存在一些其他类型的病毒会导致人类癌症，包括疱疹病毒（第 150 页）和乳头瘤病毒（第 120 页）。

　　尽管劳斯肉瘤病毒对于我们理解逆转录病毒以及病毒和癌症之间的联系至关重要，但对其生活史的研究却很少。大多数鸡群中都存在劳斯肉瘤病毒抗体，但它们并不会发生肿瘤，除非接触到注射过肿瘤提取物的鸡。

二十面体病毒的结构是由衣壳蛋白排列为5个一组（五聚体）或6个一组（六聚体）而形成的。图中所示为通过冷冻电子显微镜分析生成的劳斯肉瘤病毒衣壳蛋白五聚体的结构

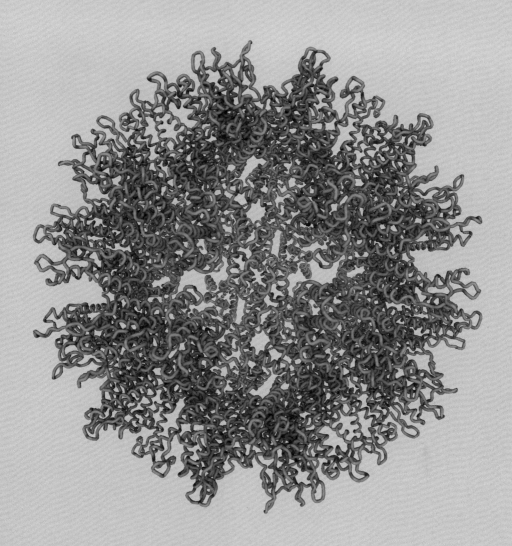

RTBV　Rice tungro bacilliform virus

水稻东格鲁杆状病毒

需要帮手才能传播的病毒

- VII类
- 花椰菜花叶病毒科　Caulimoviridae
- 东格鲁病毒属　Tungrovirus

基因组	环状、单分体、双链 DNA，包含约 8000 个碱基对，编码 4 种蛋白质
病毒颗粒	无包膜，杆状，长约 130 纳米，直径约 30 纳米
宿主	水稻及近缘禾草
相关疾病	植株矮化，叶片黄化，分蘖减少
传播途径	叶蝉

水稻东格鲁杆状病毒（RTBV）是一种典型的拟逆转录病毒，其基因组 DNA 在受感染细胞的细胞核内转录为 RNA，然后再逆转录为 DNA，封装成新的病毒颗粒。这种病毒通过叶蝉传播，但同时需要另一种病毒——水稻东格鲁球形病毒——的辅助。水稻东格鲁杆状病毒本身也可以感染水稻，但症状轻微，且传播性很差。

东格鲁（Tungro）在菲律宾方言中的意思是"生长退化"。20 世纪 50 年代，菲律宾首次描述了水稻东格鲁病，但最初大家认为其病因是植物营养不良。大约十年后，科学家才发现这种病可能是由病毒导致的。在以大米为主食的东南亚，水稻东格鲁病成为当地最严重的水稻病害之一。在稻田中，很难鉴别那些发育不良的植株是被病毒感染，还是遭受虫害、其他疾病、干旱或高温等各种胁迫。早期科学家使用能与病毒颗粒结合的兔源抗体来检测这种病毒。现在常用的方法是使用聚合酶链反应（PCR）技术直接检测叶片样本，类似的方法还可用于检测其他多种病毒，包括 SARS-CoV-2 等人类病毒。

可以杀死叶蝉的杀虫剂是控制东格鲁病的主要手段。然而，这种方法既昂贵又不环保，而昆虫通常会产生抗药性。位于菲律宾的国际水稻研究所保存有约 8 万个水稻品种，其中许多品种都对叶蝉具有抗性，但不幸的是，与化学杀虫手段一样，这些品种往往不能在沉重的昆虫负荷和演化压力下生存。目前科学家们在寻找抵抗该病毒的品种方面进展甚微，但利用基因工程培育抗病毒水稻已经取得较好的成果。

>> 感染水稻东格鲁杆状病毒的水稻植株，表现出典型的植株矮化和叶片黄化

HOW VIRUSES
GET AROUND

病毒的传播

导言

病毒进出宿主以及在宿主细胞之间移动的方式多种多样，采用何种方式取决于病毒的结构和大小、宿主的类型、宿主生活的环境以及宿主是否可以四处移动。

在新型冠状病毒感染大流行的早期阶段，关于这种病毒如何在宿主之间传播的讨论众说纷纭。有报道曾宣称，这种病毒可以在物体表面停留长达 24 小时，人们需要对所有可能与他人接触的物品进行消毒。从那时起，我们对这种病毒的认识越来越多，比如说，仅仅利用高灵敏度方法检测到病毒 RNA 并不意味着环境中存在具有感染性的病毒，像 SARS-CoV-2 这样具有包膜的病毒，其特征之一就是它们在环境中非常不稳定。了解病毒的传播方式有助于我们理解哪些预防感染的措施是必要的。

病毒在进出宿主时遇到的挑战

不同类型的宿主有不同的屏障，这是病毒传播必须克服的问题。在下表中，"有"表示宿主具备这种特性，"无"表示不具备这种特性，不过这在某些宿主类别内部也存在差异，例如，许多动物都有运动能力，但并非所有的动物都有；有些原生生物有细胞壁，有些则没有。

	动物	植物	真菌	原生生物	古菌	细菌
细胞壁	无	有	有	有/无	有	有
运动能力	有/无	无	无	有/无	有/无	有/无
空气源	有	无	无	无	无	无
水源 / 食源	有	无	有	有	有	有
传播媒介	有	有	有	无	无	无
垂直传播	有	有	有	有	有	有
群体	有	有	有	有	有	有

>> 流感病毒（橙色）离开受感染细胞（绿色）的彩色电子显微图

∨ 植株上的一群豌豆蚜（*Acythosiphon pisum*）。豌豆蚜可以传播多种植物病毒

细胞壁和细胞膜

所有的细胞外围都裹着一层膜，即细胞膜。细胞膜主要由脂质和蛋白质组成，很容易被穿透。在动物界中，细胞只有细胞膜而没有细胞壁；而其他生物界（包括植物、真菌、细菌和一些原生生物）的细胞膜外有坚硬的细胞壁，由难以穿透的不同种类的稳定化合物构成（见第 6 页和第 7 页插图）。古菌细胞的"细胞壁"主要由蛋白质构成，与其他生物不太相同。

有些病毒也包裹着一层膜，通常被称为包膜。包膜在病毒感染动物细胞时具有特殊的用途，其中的蛋白质可以识别宿主的膜蛋白，从而与宿主的细胞膜融合，就像一把可以打开宿主防御之门的钥匙，使病毒得以进入细胞内。当有包膜的病毒离开细胞时，它们通过出芽的方式穿过宿主的细胞膜，同时

把自身的蛋白质插入宿主细胞膜，从而形成新的包膜。有些病毒会穿过细胞内其他的膜完成出芽，例如细胞核周围的核膜。没有包膜的病毒同样通过蛋白质识别黏附在动物细胞表面，但它们会通过其他方法进入细胞，如胞吞作用（细胞吞饮）。许多这样的病毒最终会导致被感染的细胞爆裂，杀死细胞并释放病毒。

大多数感染动物以外宿主的病毒没有包膜，因为它们必须穿透细胞壁，而包膜面对细胞壁似乎有些无能为力。不过，也有例外，比如一些同时感染昆虫的植物病毒——包膜有助于它们进入昆虫细胞。一些感染细菌和古菌的病毒也有包膜。

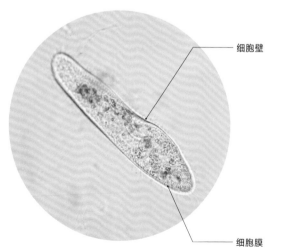

细胞壁

细胞膜

<< 草履虫是单细胞真核生物，细胞周围有细胞壁和细胞膜

通过膜融合进入

包膜病毒具有与细胞表面特异性受体结合的外部蛋白。病毒包膜与细胞膜融合，将衣壳释放到细胞内引发感染。

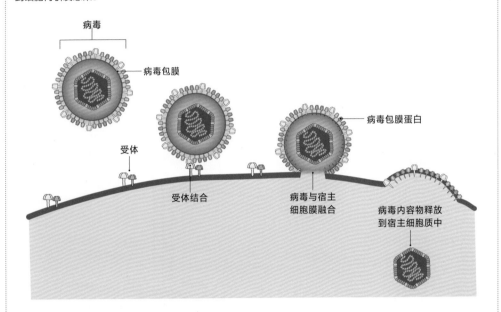

病毒

病毒包膜

病毒包膜蛋白

受体

受体结合

病毒与宿主
细胞膜融合

病毒内容物释放
到宿主细胞质中

无包膜病毒进入细胞

病毒外部蛋白与细胞膜受体结合，然后细胞吞噬病毒。细胞膜在病毒周围形成一种叫作囊泡的结构。一旦病毒完全进入细胞，囊泡和病毒衣壳就会分解，将病毒基因组释放出来。

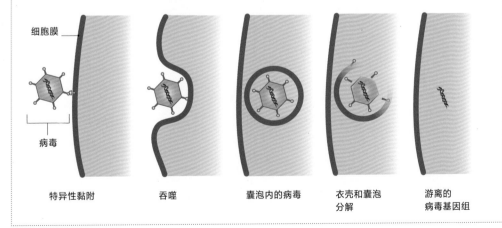

细胞膜

病毒

特异性黏附

吞噬

囊泡内的病毒

衣壳和囊泡
分解

游离的
病毒基因组

破壁而入

　　病毒会采取多种不同的方法来突破细胞壁进入细胞。许多植物病毒是通过以植物为食的昆虫传播的。昆虫进食时会破坏植物的细胞壁，病毒就可以乘机侵入。这类病毒也通过类似的方式离开植物，被取食植物的昆虫带走进行传播。

植物的细胞壁结构

植物病毒通过细胞壁中一种叫作胞间连丝的结构在植物细胞之间传播。这些病毒可以合成一种运动蛋白，这种蛋白质可以与病毒结合，协助病毒穿过胞间连丝；或者与胞间连丝结合，使通道变大以便病毒通过。

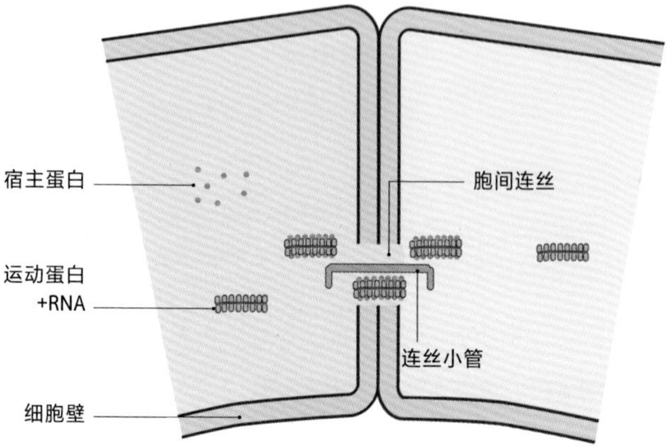

宿主蛋白　　　　　　　　　　　　　　胞间连丝

运动蛋白
+RNA

　　　　　　　　　　　　　　　　　连丝小管

细胞壁

**运动蛋白与病毒 RNA 或
病毒颗粒相互作用**

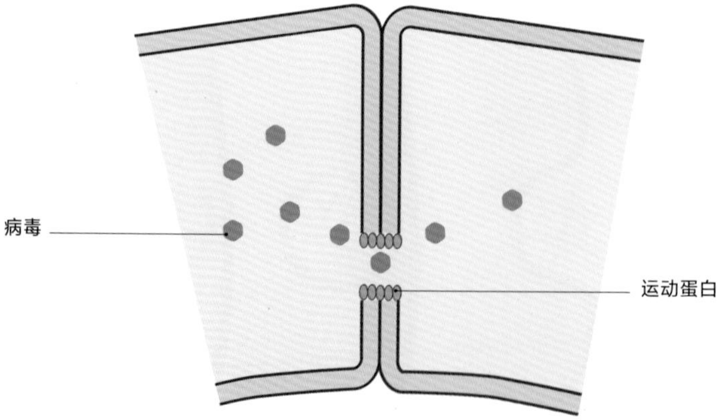

病毒

　　　　　　　　　　　　　　　　　运动蛋白

运动蛋白与胞间连丝相互作用

>> 细菌病毒，如T4噬菌体，利用起落架结构附着在细胞上，然后将自己的DNA基因组注入细菌细胞

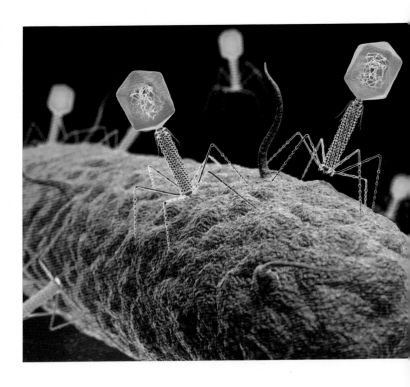

植物病毒会利用植物自有的胞间连丝结构在植物细胞间移动，这些受到严格调控的结构在细胞之间形成连接的通道，大多数病毒会制造蛋白质帮助它们通过这一通道从而在植物细胞间传播。植物病毒也会通过韧皮部和木质部这些用于输送水和营养物质的组织进行传播。

真菌病毒通过不同真菌之间的接触和接合进行传播。真菌之间的这种交流过程被称为菌丝融合，只发生在亲缘关系较近的真菌之间，但科学家在不同类群的真菌中也发现了非常相似的病毒，所以真菌病毒似乎还存在其他我们尚不清楚的传播途径。真菌的内壁上还有一些类似于植物胞间连丝的小孔，

其调控不像胞间连丝那么严格，它们也为病毒提供了移动的通道。

细菌病毒通常"降落"在宿主细胞上，然后用注射器样的装置将它们的 DNA 注入宿主细胞。有些古菌病毒同样如此。其他古菌病毒则会用复杂的结构附着在宿主细胞上，并将它们的 DNA 基因组传递给宿主。大多数细菌病毒和一些古菌病毒在大量复制、充满宿主细胞后会导致宿主细胞爆裂，从而释放出病毒，感染其他细胞。不过有时病毒也会整合到宿主细胞的基因组中，在这种情况下，病毒可以保护宿主不受类似病毒的感染，并且后续细胞分裂产生的所有细胞都会携带原始病毒的基因组。

垂直传播和水平传播

病毒直接从亲代传给子代的过程称为垂直传播。就人类和其他动物而言，这通常意味着病毒在子代出生前或在出生过程中传播给子代。虽然科学家在人类精液中发现了病毒，但尚不清楚它们是否会在受精过程中传播给卵细胞。

在植物中，病毒可以通过卵子（雌性）或花粉（雄性）进行垂直传播。许多植物病毒只能垂直传播，这些病毒代代相传，甚至可以延续数千年。由于植物胚已通过卵子或花粉感染病毒，发育成的植株每个细胞都含有病毒。许多真菌病毒似乎具有类似的以垂直传播为主的传播方式，细菌病毒或古菌病毒也可以通过这种方式传播。在这种情况下，病毒可以通过细胞分裂进行传播。

水平传播是指病毒从一个个体传播到另一个个体，其方式多种多样，但都需要通过某种形式的直接或间接接触。

垂直传播

垂直传播包括：母亲将病毒传给未出生的孩子，植物卵子或花粉粒将病毒传给受精卵，以及像细菌那样通过细胞分裂将病毒传播给新生的细胞。

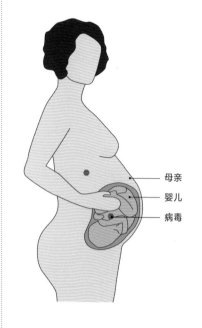

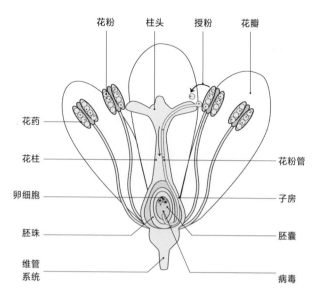

宿主之间的接触

　　大多数动物四处走动并与其他动物接触，给了病毒感染新宿主的机会。有些海洋动物在整个成年期都会固着在其他物体表面，但陆生动物通常会不停地移动。植物和真菌基本不动，只有在种子期或孢子期才会扩散，但即便在那时它们也算不上活跃。因此，这些宿主的病毒必须找到从一个生物体传播到另一个生物体的方法。就细菌、古菌、一些真菌、原生生物和固着动物而言，它们

生活在水体或含有水或其他液体的环境中，这些液体可以作为病毒传播的媒介。

　　病毒的稳定性对它的传播方式有很大影响。例如，带有包膜的病毒非常容易变干，导致它们离开宿主后很难长时间存活。因此，这些病毒需要更直接的接触，或利用传播媒介才能从一个宿主传播到另一个宿主（见第113页）。一些非常稳定的病毒可以在宿主体外长期存活，有些可达数年。例如，烟草花叶病毒在多种环境中都非常稳定，包括水

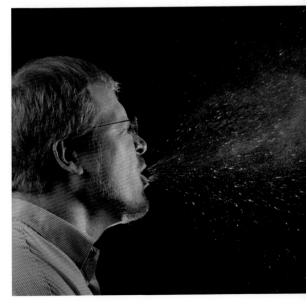

❱ 一个喷嚏会释放数千个飞沫并通过空气传播，传播距离取决于环境温度和湿度。如果打喷嚏者携带呼吸道病毒，这些飞沫很可能将病毒传染给吸入它们的人

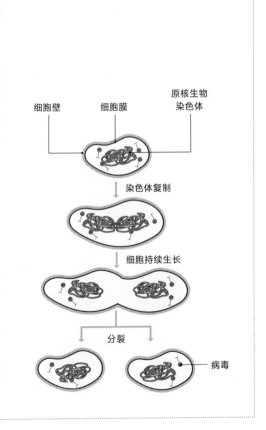

以及人类和其他动物的肠道（但这种病毒并不感染人类和动物）。通过食物或水传播（粪口传播）的大多数肠道病毒都非常稳定，例如犬细小病毒，它能够在土壤中存活数年并且很难清除，因此未接种疫苗的狗感染这种病毒的风险很高。

感染多种宿主的病毒在宿主之间的传播方式不同于只感染一种宿主的病毒。病毒若要感染不同的宿主，那么不同的宿主必须互相接触。例如，蝙蝠携带多种病毒，其中一些可能会感染人类，但由于蝙蝠和人类不经常接触，所以他们之间的病毒传播并不常见。在北美地区，人类狂犬病已经相当罕见了，因为那里的狂犬病毒基本来自蝙蝠。然而，在一些狗没有充分接种狂犬病疫苗的国家和地区，人类狂犬病则相对常见，因为人类很容易接触到患病的狗从而被感染。有些病毒已经可以感染相去甚远的生物类群——例如，有些病毒可以感染植物和昆虫，还有一些可以感染昆虫和脊椎动物。

四处走动的动物可以通过触摸或更密切的接触将病毒传播给其他动物。例如，医疗操作、毒品注射、性接触和动物咬伤期间可能发生的体液交换；病毒离开一个宿主后，另一个宿主通过空气吸入病毒；食用或饮用被病毒污染的食物或水。为了防止病毒的扩散，需要根据不同的传播方式制定不同的防疫措施。

❱ 甲型肝炎病毒等粪口传播病毒可通过食物进行传播。有时食物会在田间或收获时遭受污染，但也可能在备餐过程中被污染。餐饮工作者必须采取相应的预防措施，通过清洗新鲜的农产品消除现有污染，并通过洗手和戴手套来预防后续污染

动物病毒的传播

人类和其他动物病毒的水平传播机制。病毒可以在直接和间接接触的宿主之间进行传播

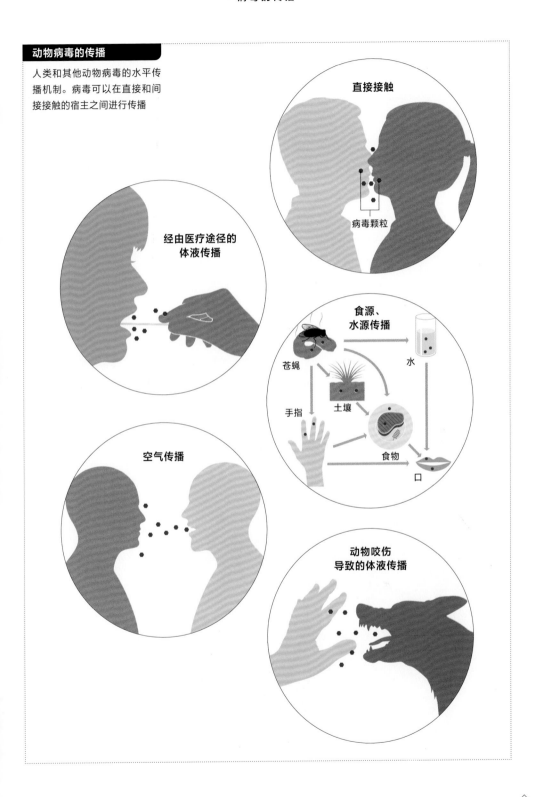

直接接触

病毒颗粒

经由医疗途径的
体液传播

食源、
水源传播

苍蝇

手指

土壤

水

食物

口

空气传播

动物咬伤
导致的体液传播

许多文化中习惯用握手来表示信任，这种传统至少可以追溯到公元前 9 世纪的巴比伦。然而，握手可能也是传播呼吸道病毒（空气传播）和肠道病毒的一大"捷径"。在新型冠状病毒感染大流行期间，人们开始避免握手，改用撞肘等形式代为致意。良好的洗手习惯也可以减少这类病毒的传播。

流感病毒和 SARS-CoV-2 等空气传播病毒通常通过打喷嚏或咳嗽（甚至说话或唱歌）进行传播，它们存在于受感染宿主释放的非常小的飞沫中。如果两个宿主处于同一空间，那么宿主可能直接从空气中吸入飞沫。含有病毒的飞沫在空气中传播的距离取决于空气的温度、湿度、流动性，以及飞沫的大小。戴口罩既可以减少感染者释放飞沫，也可以减少未感染者吸入飞沫，因此可以大幅度降低这类病毒传播。尤其在空气流动较少的室内，佩戴口罩显得尤为重要。许多戴口罩预防 SARS-CoV-2 传播的人还发现，他们患流感或普通感冒的次数也减少了。

含有病毒的飞沫也会落在许多物体的表面，肢体接触这些物体后再接触面部，同样可能吸入病毒。避免这类传播的最佳方法就是洗手或消毒，并避免接触面部，戴口罩也可以间接帮助人们避免触摸自己的脸，进一步降低感染。

经食物和水传播的病毒通常会感染肠道细胞，它们从人或动物的肠道传播出去，污染食物或水，然后又被下一个宿主通过进食或饮水摄入。以这种方式传播的病毒在一些人口稠密的环境中很常见，例如诺如病毒就会在游轮上爆发感染。

‹‹ 1918年流感大流行期间，许多人都佩戴口罩，以阻挡通过空气传播的病毒，这种病毒是通过吸入感染者释放的微小飞沫传播的

传播媒介

许多病毒通过媒介在宿主之间传播，这些传播媒介通常是昆虫或其他节肢动物。人类和其他动物病毒最常见的媒介是蚊子，此外蜱、螨和蠓也可携带动物病毒。

蚊虫可以传播许多诱发人类疾病的病毒，包括登革热病毒、黄热病病毒、西尼罗病毒、基孔肯雅病毒（见第126页）和寨卡病毒。大多数由蚊子传播的动物病毒也会感染昆虫本身，其中有些会操纵蚊子改变摄食模式，导致它们更频繁地刺探，从而加剧病毒的传播。

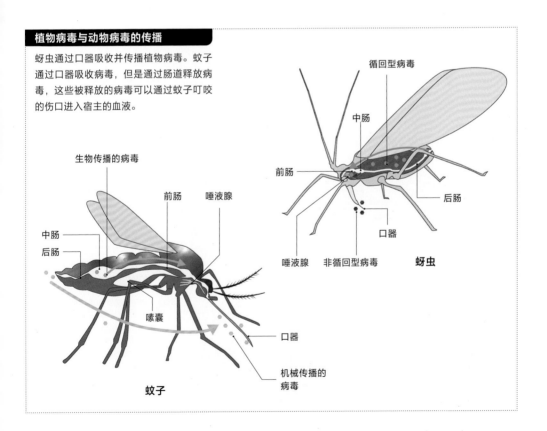

植物病毒与动物病毒的传播

蚜虫通过口器吸收并传播植物病毒。蚊子通过口器吸收病毒，但是通过肠道释放病毒，这些被释放的病毒可以通过蚊子叮咬的伤口进入宿主的血液。

循回型病毒
中肠
前肠
后肠
口器
唾液腺　非循回型病毒
蚜虫

生物传播的病毒
前肠　唾液腺
中肠
后肠
嗉囊
口器
机械传播的病毒
蚊子

植物病毒通过昆虫进行传播的方式非常复杂。许多病毒会操纵宿主植物产生吸引昆虫的挥发性化合物，而当昆虫被吸引到这些植株上，并开始进食时，病毒可能又会进一步操纵宿主产生昆虫不喜欢的化学物质，将携带病毒的昆虫驱赶到其他植株上，从而实现病毒的传播。病毒操纵受感染的植物吸引昆虫的另一种方式是改变其颜色。例如，黄色尤其吸引蚜虫，而被病毒感染的植物通常会出现黄化症状。一些病毒还可以让取食受感染植株的昆虫产生的后代数量增加。

大多数昆虫传播的植物病毒与其传播媒介的关系具有特异性，但这种关系的专一性可能在不同病毒中表现出很大差异。例如，黄瓜花叶病毒（第 210 页）可以通过近 400 种不同的蚜虫传播，而大麦黄矮病毒的传播媒介通常仅限于特定的一种蚜虫。生活在土壤中的线虫和真菌也可以作为植物病毒的媒介，以这种方式传播的病毒有时被称为土传病毒，尽管它们通常并不直接从土壤进入宿主。

有些植物病毒会在食草动物吃草时传播，这些食草动物在咀嚼植物时会把植物细胞咬碎使病毒有机可乘。啃食植物的昆虫（包括甲虫）也会以类似的方式促进病毒的传播。一些相对稳定的病毒也可以通过农场和园艺设备进行传播。这种宿主和传播媒介之间的关系有时还会发生有趣的转变——植物也可以成为一些昆虫病毒的媒介：受感染昆虫进食时会把病毒留在植物上，而随后取食这棵植株的昆虫则会摄入病毒，从而被感染。

所有这些病毒传播方式的变化，表明病毒和宿主之间的关系已经存在了很长一段时间，并通过多种途径的演化来帮助病毒面对这些相似的挑战：如何进入宿主，如何在宿主体内移动，以及如何离开宿主。

<< 钝叶草衰退病是一种通过割草机传播的禾草疾病，它由黍花叶病毒引发，经常在美国南部发现，那里的草坪会种植耐热的侧钝叶草（Stenotaphrum secundatum）

>> 参与动植物病毒传播的媒介大多是昆虫（如蚊子和蚜虫）或其他节肢动物（如蜱和螨），但微生物也可以作为病毒传播的媒介，对植物病毒而言，食草动物和农场设备也可以成为媒介。图为各种动植物病毒媒介：A.蜱；B.蚊子；C.跳蚤；D.螺；E.蚜虫；F.蓟马；G.牛；H.菟丝子；I.线虫；J.角蝉；K.飞虱；L.长尾粉蚧

动物病毒媒介

植物病毒媒介

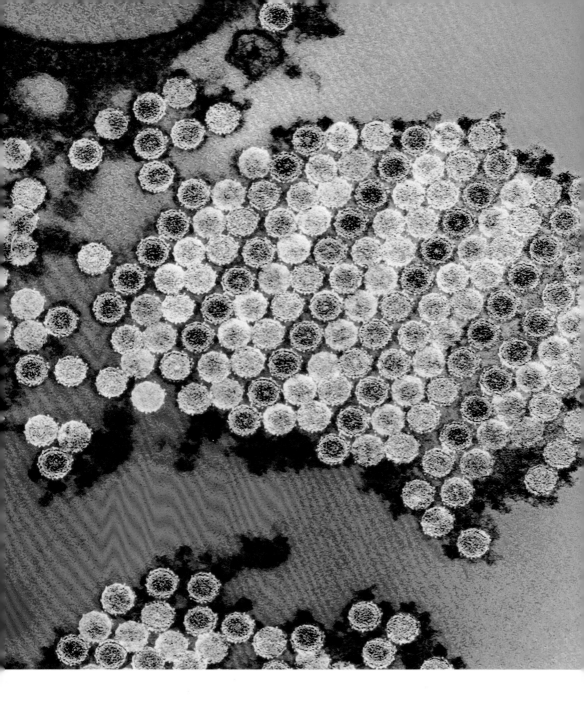

人 基孔肯雅病毒的彩色透射电子显微镜图

↗ 一只蚊子正在吸食人类的血液

≫ 基孔肯雅病毒除了可以引发皮疹，还有更严重的症状，比如持续多年的疼痛性关节炎

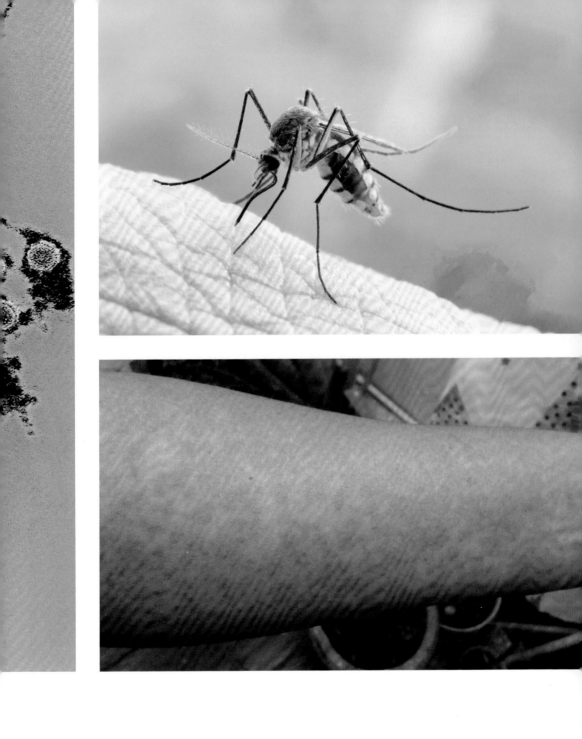

HAV Hepatovirus A

甲型肝炎病毒

通过食物和水传播、引发急性重型肝炎的病毒

- IV 类
- 小 RNA 病毒科 Picornaviridae
- 肝病毒属 Hepatovirus

基因组	线性、单分体、单链 RNA，包含约 7500 个核苷酸，编码一条包含 11 种蛋白质的多聚蛋白
病毒颗粒	二十面体，无包膜
宿主	人类，野生灵长类，实验条件下的啮齿动物
相关疾病	甲型肝炎
传播途径	水、食物
疫苗	单抗原或双抗原注射疫苗

　　肝炎是一种由几种不同的肝病毒引发的感染性肝脏疾病。甲型肝炎病毒（HAV，以下简称甲肝病毒）可以通过受污染的食物和水传播，在世界上部分地区很常见。

　　在受污染的水体中养殖或从受污染的水体中捕捞的贝类是甲肝病毒的常见感染源。美国、欧洲和澳大利亚的甲型肝炎暴发大多跟受污染的菠菜或其他蔬菜有关，还有一些是由于餐饮服务人员受到了感染。餐饮服务行业的从业人员保持良好的卫生习惯对于预防这种疾病的传播至关重要。

　　感染甲肝病毒的幼儿通常无症状，但可能会成为感染源导致其他家庭成员相继感染。青少年和成人感染甲肝病毒后可能会出现严重的症状，包括发热、头痛、恶心、黄疸、腹泻和极度虚弱等。与引发慢性感染的丙型肝炎病毒（HCV）或乙型肝炎病毒（HBV）不同的是，大多数人感染甲肝病毒后可以完全康复，不会留下长期后遗症。甚至还有一些证据表明，感染过甲肝病毒可以预防丙型肝炎病毒的感染。

　　过去，为了防止旅行者感染甲肝病毒，需要注射从已经免疫的人的血液中提取的丙种球蛋白，这个过程非常痛苦，而注射血液制品又存在严重的安全风险。尽管现在使用的免疫球蛋白经过处理已经变得相当安全，但我们似乎已经不再需要它们了，因为在 20 世纪 90 年代中期，一种非常有效的甲肝疫苗问世了。无论是接种甲肝疫苗还是遭受感染，人们都可以获得非常持久的免疫力。

>> 甲型肝炎病毒与抗体复合物的冷冻电子显微镜结构

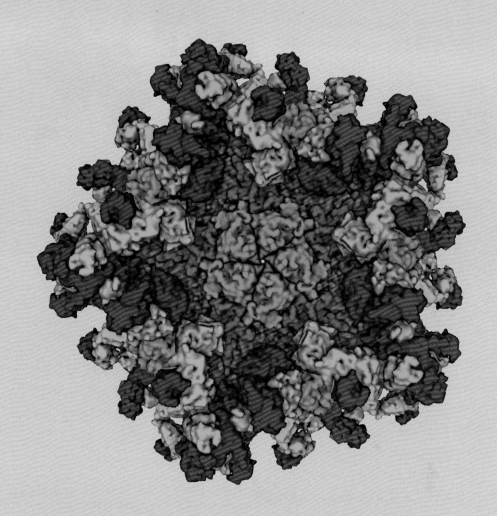

Alphapapillomavirus
甲型乳头瘤病毒
可导致癌症的性传播病毒

- I 类
- 乳头瘤病毒科　Papillomaviridae
- 甲型乳头瘤病毒属　Alphapapillomavirus

基因组	环状、单分体、双链 DNA，包含约 8000 个碱基对，编码 8 种蛋白质
病毒颗粒	二十面体，无包膜，55 纳米
宿主	人类，猴子
相关疾病	生殖器疣、宫颈癌、阴茎癌、肛门癌和扁桃体癌
传播途径	性传播
疫苗	多价抗原疫苗

甲型乳头瘤病毒是一类能够引起疣的病毒，包括多种亲缘关系很近的不同病毒，其中一些会导致皮肤疣、跖疣或扁平疣等常见的小毛病。不过，许多毒株是通过性接触传播的。

事实上，美国最常见的性传播感染就是人乳头瘤病毒，每年高达 4000 万例。该病毒通过性传播可能导致生殖器疣，并有可能在初发感染很久之后导致癌症。这种病毒有多种不同的亚型，与生殖器疣发生风险相关性最高是 6 型、11 型、42 型和 44 型，而与癌症发生风险相关性最高的类型是 16 型、18 型、31 型和 45 型。

甲型乳头瘤病毒的疫苗于 2006 年首次问世。目前对于 11 到 26 岁的年轻人，强烈推荐接种四价疫苗以预防 6 型、11 型、16 型和 18 型毒株的感染，从而降低一些主要的生殖器疣和大约 70% 的宫颈癌的发病率。这种疫苗是有史以来第一个针对癌症的疫苗。除此之外，在某些地区还可以接种另外两种预防其他毒株的疫苗 [1]。

>> 基于冷冻电子显微镜图像绘制的人乳头瘤病毒高分辨率结构图

1　人乳头瘤疫苗除了四价外，还有二价疫苗和九价疫苗，前者针对16型和18型毒株，后者针对6型、11型、16型、18型、31型、33型、45型、52型和58型毒株。

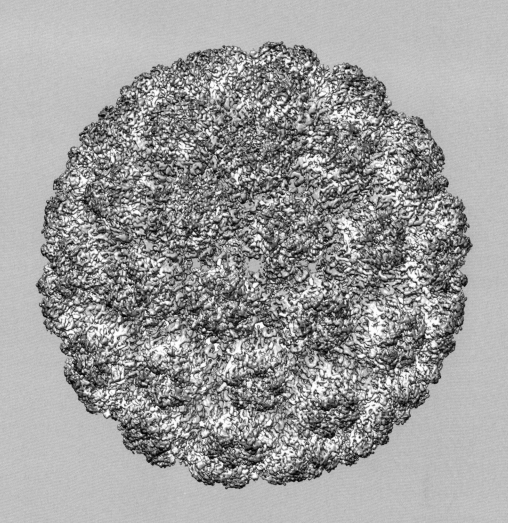

PMV   Panicum mosaic virus

黍花叶病毒

由割草机传播的病毒

- IV类
- 番茄丛矮病毒科 Tombusviridae
- 黍病毒属 Panicovirus

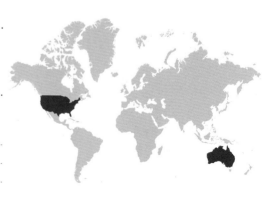

基因组	线性、单分体、单链 RNA，包含约 4300 个核苷酸，编码 6 种蛋白质
病毒颗粒	二十面体，无包膜
宿主	草坪用草，柳枝稷，小米
相关疾病	钝叶草衰退病
传播	农场和花园的设备

　　黍花叶病毒（PMV）引发的钝叶草衰退病是美国南部草坪中的一种常见疾病，尤其是在那些由草坪护理服务商维护的草坪中。这种病毒通常在割草过程中传播，受感染的植物汁液污染割草设备后，将病毒传播到使用相同设备修剪的其他草坪上。

　　黍花叶病毒可以在植物碎片中存活数年，因此，一旦它在某个系统中定殖，就很难清除。植株残骸中的病毒可以随风雨传播到新的植株，并且可以在未感染植株上长期存留，以待植株受伤时伺机侵入细胞。

　　黍花叶病毒还可以充当一种卫星病毒的辅助病毒。卫星病毒可以制造自己的衣壳蛋白，但没有辅助病毒就无法完成复制。在小米和柳枝稷（*Panicum virgatum*）中，卫星病毒可以导致通常以轻微变黄和矮缩为主的钝叶草衰退病症状变得更加严重。

　　科学家提出，一些症状轻微的黍花叶病毒毒株可以作为疫苗，帮助柳枝稷预防那些会导致严重疾病的同类病毒。这种方法在植物病毒学领域被称为交叉保护，已经在世界各地的农业中研究和运用了数十年。

>> 　根据晶体学数据绘制的黍花叶病毒结构

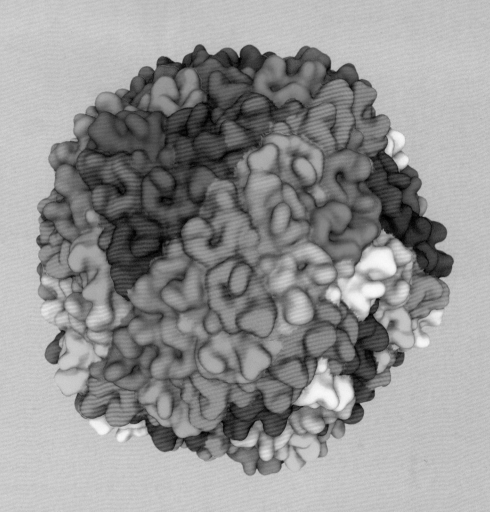

Rhinovirus C

C 型鼻病毒
普通感冒病毒家族的新成员

- IV类
- 小 RNA 病毒科　Picornaviridae
- 肠道病毒属　Enterovirus

基因组	单分体、单链 RNA，包含约 7400 个核苷酸，编码一条包含 11 种蛋白质的多聚蛋白
病毒颗粒	二十面体，无包膜
宿主	人类和其他灵长类动物
相关疾病	普通感冒，哮喘
传播途径	空气
疫苗	无

针对普通感冒的治疗方法或疫苗目前仍很欠缺，不过预防其感染则相对简单得多。在新型冠状病毒感染大流行期间，许多人发现，在公共场合戴口罩让他们远离了感冒。佩戴口罩是预防空气传播病毒最有效的措施之一。

鼻病毒有很多种，每一种还有许多不同的毒株。仅 C 型鼻病毒就有大约 60 种不同的毒株，并且免疫系统不会对它们产生太多的交叉反应。这意味着，如果我们感染了一种鼻病毒，身体会对此产生免疫应答，但这可能并不能保护我们免受其他毒株的侵袭。此外，对鼻病毒的免疫应答持续时间也很短，这使得其疫苗开发变得异常艰难。

2003 年，首次 SARS-CoV 流行，在其后开展的呼吸道病毒常规筛查中，人们发现了 C 型鼻病毒，它可以引起最严重的鼻病毒感染症状，尤其是病毒性哮喘。但是我们很难在实验室中研究这种病毒，因为它几乎无法在离体组织中培养。事实证明，编码 C 型鼻病毒受体的

人类基因有两个不同的基因型：A 型在所有非人灵长类动物中表达，甚至一些其他有肺结构的动物也会表达，但在人类中非常罕见，因为人体具有 G 型变异。G 型变异使得人体可以抵抗 C 型鼻病毒的严重感染，但少数两个等位基因均为 A 型的个体则非常容易发生严重感染和病毒性哮喘。这一基因型也与老年人慢性阻塞性肺疾病的发生有关。具有 A/A 基因型的黑猩猩（*Pan troglodytes*）就经常死于 C 型鼻病毒的感染。

>> 根据X射线晶体学数据绘制的C型鼻病毒空间填充模型

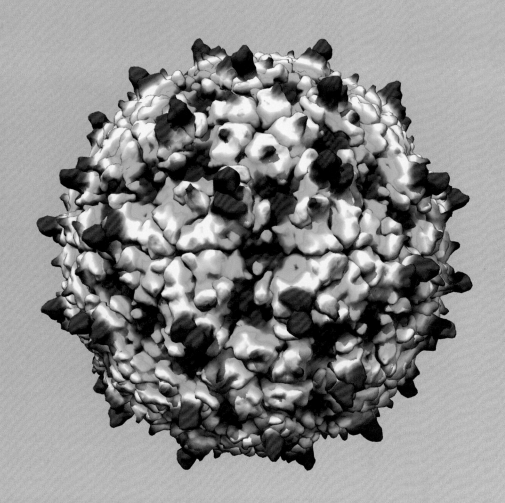

CHIKV Chikungunya virus
基孔肯雅病毒
传播范围正在扩张的病毒

- Ⅳ类
- 披膜病毒科 Togaviridae
- 甲病毒属 Alphavirus

基因组	线性、单分体、单链 RNA，包含约 12 000 个核苷酸，编码一条包含 9 种蛋白质的多聚蛋白
病毒颗粒	有包膜的二十面体核心
宿主	人类、其他灵长类动物、啮齿动物、鸟类、蚊子
相关疾病	基孔肯雅热
传播途径	伊蚊（*Aedes* spp.）
疫苗	开发中

　　基孔肯雅热是一种可以导致类似关节炎的长期症状的严重疾病。引发这种疾病的基孔肯雅病毒（CHIKV）于 20 世纪 50 年代在非洲部分地区首次发现，通过埃及伊蚊（*Aedes aegypti*）从野生灵长类动物传播给人类。

　　埃及伊蚊的活动范围仅限于热带和亚热带地区。基孔肯雅热于 21 世纪初开始出现在亚洲，十年后出现在美洲，之后又突然在欧洲和北美洲的部分温带地区出现病例。

　　基孔肯雅病毒既感染蚊子，也感染其灵长类宿主，不过该病毒必须在蚊子的肠道中进行复制才可以传播给灵长类动物。研究表明，该病毒已经发生突变，现在正在通过另一种蚊子——白纹伊蚊（*Aedes albopictus*）进行更高效的

传播。白纹伊蚊的分布范围比埃及伊蚊更广，最近在欧洲和北美洲的许多地区也都发现了这种蚊子，这意味着该病毒很快就会传播到这些地区，并成为当地棘手的问题。

　　基孔肯雅病毒的两种蚊媒都能很好地适应城市环境，它们在积水上方的潮湿微环境中产卵。这种环境在村镇和城市中都很常见，例如聚集了雨水的花盆和旧轮胎，因此白纹伊蚊的传播也与全球二手轮胎贸易相关联。

>> 基于冷冻电子显微镜数据绘制的基孔肯雅病毒颗粒

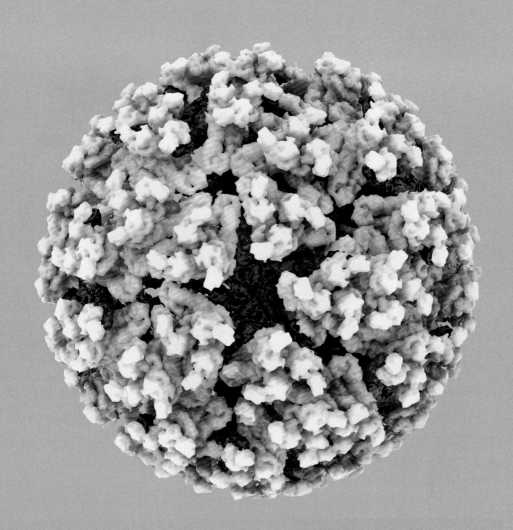

BPEV Bell pepper alphaendornavirus
甜椒内源 RNA 病毒
垂直传播的裸病毒

- IV类
- 内源 RNA 病毒科 Endornaviridae
- 甲型内源 RNA 病毒属 Alphaendornavirus

基因组	线性、单分体、单链 RNA，包含约 15 000 个核苷酸，编码一个大型多聚蛋白
病毒颗粒	无，裸 RNA
宿主	甜椒（*Capsicum annuum*）及其近亲
相关疾病	无
传播途径	严格垂直传播

　　甜椒内源 RNA 病毒（BPEV）是一种罕见的病毒。像所有的内源性病毒一样，该病毒没有外壳，只由裸露的 RNA 基因组构成。由于单链 RNA 很不稳定，所以大多数内源性病毒都是以稳定的双链 RNA 中间体被发现的。

　　植物内源性病毒只能通过种子进行垂直传播，而无法在不同宿主之间传播。这种垂直传播意味着病毒可以代代相传，并且向我们揭露很多关于宿主和病毒的历史信息。例如，一种特定的内源性病毒影响所有水稻（*Oryza sativa*）的"粳稻"品种，但不影响"籼稻"品种。这两个品种是大约 10 000 年前从野生稻（*Oryza rufipogon*）驯化而来的。野生稻本身含有另一种近缘内源性病毒，与栽培稻的内源性病毒大约有 24% 的差异。

　　科学家比较了北美洲和南美洲许多不同品种的甜椒和一些近缘辣椒的甜椒内源 RNA 病毒，从而更深入地了解到墨西哥和南美州各种辣椒的驯化史。和水稻一样，辣椒在 1 万年前就被驯化了，但辣椒的野生祖先并不携带甜椒内源 RNA 病毒，说明这种病毒是在驯化后被引入的。

BPEV 基因组

BPEV 基因组为单链 RNA，但常以双链复制中间体的形式出现。图中所示为双链中间体与一个依赖于 RNA 的 RNA 聚合酶（RdRp）结合在一起。病毒的基因组链上有一个切口。

切口　　　　RdRp

所有的甜椒植株均感染有甜椒内源RNA病毒。这种病毒从未导致植株出现任何症状，只是单纯地代代相传

EVOLUTION

病毒的演化

演化和自然选择

"演化"一词通常会让人想到英国博物学家查尔斯·达尔文（Charles Darwin）和他的开创性著作《物种起源》（1859）。达尔文在多年观察的基础上开展的认真细致的研究，为我们了解地球上的生命是如何变得如此丰富多彩提供了关键的见解。然而，直到他所有的研究完成时，病毒仍是所有人都闻所未闻的未知领域，所以他没有在著作中提到病毒。达尔文的工作完成之日也比发现 DNA 和 RNA 是所有生物的遗传物质早了一个世纪。

在分子生物学时代，演化被认为是基因组因突变而随时间缓慢变化的过程。突变是 DNA 或 RNA 基因组发生的变化，它随时都在发生：当聚合酶在复制 DNA 或 RNA 时出错，或者当环境因素（如化学物质或辐射）导致 DNA 或 RNA 受损时，就会发生突变。这些随机变化几乎可以发生在基因组的任何地方，不过在细胞中，它更可能发生在进行 RNA 转录或 DNA 复制的活跃区域。在细胞中，酶能够识别并剪掉错误的 DNA，用正确的 DNA 取而代之，从而纠正大部分错误，因此只有很少的突变会留在基因组中。只有发生在生殖细胞（如卵子或精子）中的突变才能遗传给下一代。

如果突变遗传给下一代，它们可能会产生各种各样的影响。在大多数情况下，这些影响是"中性的"，意味着没有任何可以检测出来的影响。不过，在偶然情况下，突变确实会产生影响，而这些突变是否会继续传递下去取决于其影响是积极的还是消极的。如果这种影响是消极的，那么携带突变的生物体将不会像其缺乏突变的兄弟姐妹那样具有竞争力，因此可能导致突变谱系就此消亡。但如果影响是积极的，那么突变个体将更具竞争力，从而更可能让其谱系在不久的将来主宰种群。

>> 查尔斯·达尔文（1809—1882）作为随船博物学家，乘坐英国皇家海军"贝格尔"号环游世界。基于这次旅途的见闻，尤其是在南美洲的观察，达尔文形成了他的进化论假说

突变在食物来源紧缺或环境发生变化时显得异常重要。例如，假设有一种突变，使你比大多数人更能耐受高温。随着气候变化和全球变暖，相比那些不能耐受高温之人的后代，你的后代将更有可能长期生存并繁荣发展。然而，如果气候变冷，你的后代就没有任何优势了。这就是达尔文的进化论，即自然选择的本质。

病毒也和其他基于基因的生命体一样，通过自然选择不断演化。不过它们还受到一些额外因素的约束。病毒通常具有重叠基因，因此单个核苷酸突变可以影响不止一个蛋白质。在 RNA 病毒中，不同的折叠方式可以使其具备多种不同的生物活性，而折叠方式也依赖于 RNA 的核苷酸序列。这意味着，针对病毒基因组的自然选择不仅在蛋白质编码方面发挥作用，在其他层面也很重要。

病毒演化与细胞生命演化的另一个主要区别是演化发生的速度。造成这一差异的主要原因有以下几个：

首先，病毒的复制周期非常短——在某些情况下不到一分钟，相较而言，细菌繁殖一代的时间为 30 分钟，而人类的一代大约为 20 年。

复制过程中突变的累积

平均而言，RNA 病毒每复制一次，其基因组就可能出现一次错误或突变。单链 RNA 病毒可能会复制出几个互补链，每一个都可能携带潜在的突变，而这些互补链每一个都可以继续复制出许多新的基因组，这就导致突变在病毒基因组中快速积累。

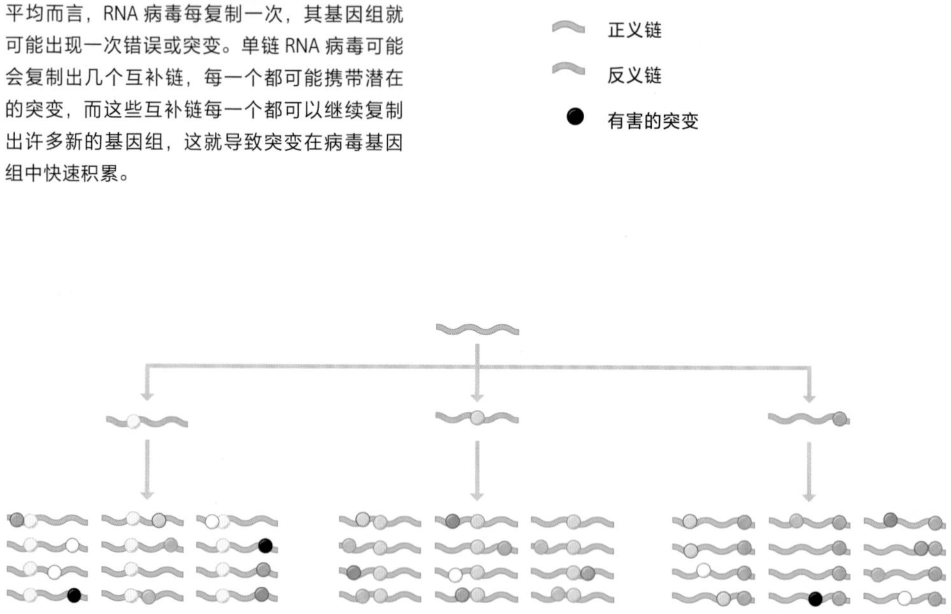

正义链

反义链

● 有害的突变

其次，大多数病毒的基因组是精简的，大部分核苷酸都编码蛋白质，因此许多突变都会产生明显的影响。而在人类细胞中，30亿个核苷酸的基因组中只有1%～2%负责编码蛋白质，只有发生在这些区域的突变才会产生明显影响。还有一些生命体的基因组甚至更大——已知最大的是日本重楼（*Paris japonica*），其基因组包含多达1490亿个核苷酸。

第三，病毒基因组复制时往往会产生更多突变，而大部分又没有校正机制。多数RNA病毒每10 000个核苷酸就会出现一次突变，而真核生物的突变率为每100万到1000万个核苷酸出现一次。

最后，进入新宿主的病毒可能会表现出非常快的演化速度，因为它们需要适应不同的环境，而这种剧烈的环境变化在细胞生命中非常罕见。

❯ 变异冠状病毒（蓝色）从受感染细胞中释放的艺术渲染图

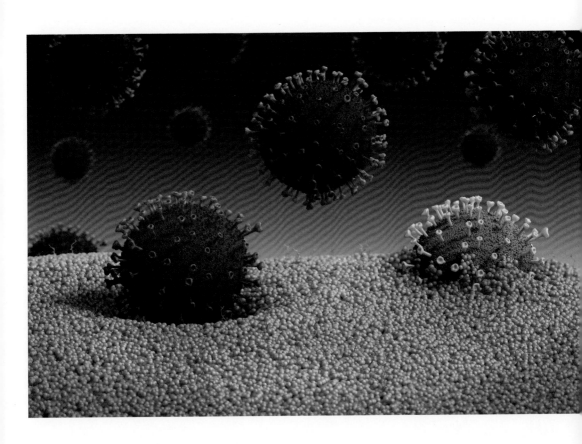

适应性

　　生物适应性的概念很简单：与不适应环境的个体相比，更适应环境、更健康的个体将产生更多后代，这些后代也更有可能存活下来。然而，衡量适应性并不那么简单，理解适应性的演化也并非易事。

❦ 适应性常常被描绘为层峦叠嶂的风景,适应能力越强的病毒攀登的峰顶就越高。对于身处下图中央所示山峰这样的陡峭峰顶的病毒来说,当周边环境改变时,已高度适应当前环境的它就会面临进退两难的困境——为了改变,它不得不损失大量的适应性来重新适应新的环境,就像先下到山谷才能登上另一座山峰。而另一些适应能力并非过于极端的病毒则能够不断在不同环境间轻易切换而无需丧失过多的适应性

显然,如果一种病毒发生了变异,且这种变异使它能够更快地复制或更好地传播,那么这种病毒就会更适应环境。当然,这种适应是有限度的。如果病毒在快速复制的同时还会导致宿主发生严重疾病,那么从长远来看,这对病毒的适应性是不利的。例如,如果你感染了一种复制速度非常快的流感病毒,使得体内积累了大量的病毒,你可能会感到非常难受并待在家里卧床休息。这对病毒来说并不是一件好事,因为病毒也因此丧失了传播给其他宿主的机会。相反,让你病得轻一点可能是更好的选择。如果这意味着病毒不能维持这么高的复制效率,病毒可能会演化出某种中间状态,其复制效率既足以复制大量的病毒,但同时又不会让你病得无法出门走动。

许多病毒在感染早期传染性最高,在症状出现之前进入高传染性阶段显然对病毒更有利,因为宿主会接触到更多潜在的宿主。由于有害突变的累积,病毒在感染过程中传染性可能会降低。在这种情况下,病毒种群将难以突破传播瓶颈(见第141页)。

致命的病毒将面临更大的问题:如果它在感染大量新宿主之前就杀死了旧宿主,它自身也会死亡。像埃博拉这样的致命病毒可能从很久以前就一直在零星地感染人类。埃博拉病毒大部分时间都在动物宿主中传播,很少会传染给人类。在人们能够像现在这样四处旅行之前,这种病毒通常是自限性的,它可能会感染整个小村庄,杀死大量的宿主,同时也杀死自己。

实验性演化

　　病毒的快速演化意味着这一过程很容易观察，因此成为研究演化机制的理想对象。科学家已经展开了许多研究，使用细菌病毒（噬菌体）来研究演化，并验证了几个重要的观点：首先，当我们在相同的环境中通过实验演化出两个病毒谱系时，它们最终会拥有许多相同的突变，这证明了自然选择的力量；其次，病毒可以演化出使用不同的细胞蛋白质作为受体进入细胞的不同毒株，这对于它们适应新物种有着非常重要的意义。

　　研究噬菌体的演化，对于开发演化关系分析工具也非常重要。演化关系分析也被称为系统发生学，它比较相关生物体的基因序列，并使用复杂的计算机算法来估算生物体之间的关系。系统发生学也可用于建立系谱图。当我们为家族祖先制作族谱时，我们知

噬菌体的实验性演化

在实验室中用一个噬菌体克隆株感染细菌，像左下图那样不断分离新突变体并传代培养，我们就可以得到完整的系谱图。而当我们比较不同的病毒来分析它们之间的关系时，我们只知道这些病毒最终的序列，并不知道它们过去的演化历史，这就需要利用实验室演化下已知的系谱来筛选合适的程序，才能生成正确的系统发生树。如右下图所示，正确的系统发生树应该能重演系谱图中的演化历程。

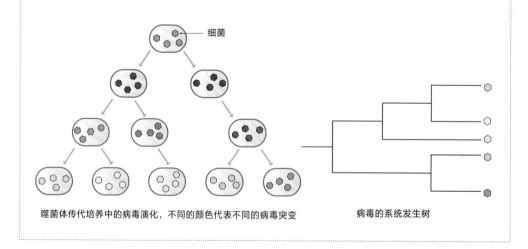

噬菌体传代培养中的病毒演化，不同的颜色代表不同的病毒突变　　　病毒的系统发生树

道每个人之间的关系，相当于拥有一棵已知的系统发生树。类似的，研究人员在实验室中从一个克隆株开始进行传代培养，就能让噬菌体在我们的观察下演化，从而记录下每个毒株之间的关系，并测定它们的基因组序列。在这之后，研究人员就能利用这些数据通过各种计算机算法生成演化树，从中找到那个可以正确重建已知演化关系的程序。

植物病毒为研究真核生物的病毒演化提供了一个很好的实验系统。研究病毒演化最早的实验就是 20 世纪 30 年代在植物中进行的，当时我们还不了解 RNA 基因组和突变。

研究人员将烟草花叶病毒和黄瓜花叶病毒在不同植株中传代感染，并记录病毒引起的症状的变化——从深浅相间的绿色图案到黄色花叶图案。植物宿主堪称理想的实验系统，因为它们易于种植，而且成本低廉。在某些情况下，短短 10 天内就能观察到症状的变化。对植物病毒的研究还表明，宿主的类型对病毒种群的变异水平有很大影响。例如，黄瓜花叶病毒感染辣椒植株后会表现出高水平的变异，而在感染南瓜时变异水平则很低。这意味着病毒在某些宿主中可能更容易适应新宿主或新环境。

实验性演化中的症状变化

黄瓜花叶病毒的 P6 株是最早通过实验性演化得到的毒株之一。其原始毒株会导致烟草叶片出现深浅相间的绿色斑点。科学家将原始毒株接种到植物上，并每隔几周从受感染的植株上取一点组织接种给新的植株，最终出现了一个会导致叶片呈亮黄色的毒株，即黄瓜花叶病毒的 P6 株。几十年来，研究人员还持续在温室中用类似的方法传代这种病毒，在这个过程中，因为病毒无需蚜虫作为传播媒介，不再面临这方面的选择压力，于是最终失去了在自然界中常见的通过蚜虫传播的能力。

重组

另一个以病毒为研究对象的演化特征是重组。所有细胞的基因组都可以发生重组，在有性繁殖的物种中，每条染色体都有两个副本，分别来自父母双方。这两个副本可以在基因组复制过程中发生重组，为后代提供大量的变异。在病毒中，当多个不同的病毒基因组位于同一个宿主细胞内时，也会发生重组。研究重组的实验表明，重组在病毒中非常常见，并可能导致新毒株的出现。病毒的重组通常不是随机的：在 RNA 病毒中，很多重组都是由单链 RNA 的自身折叠驱动的，折叠结构有助于复制基因组的聚合酶从一条链跳跃到另一条链上，从而导致重组。

重组和重配

病毒重组发生在两个毒株（如图中的病毒 A 和病毒 B）感染同一细胞时。在复制过程中，聚合酶可以从一个基因组跳转到另一个基因组，产生重组病毒，如图中的病毒 BA 和病毒 AB。当病毒的基因组有多个分体时，这些分体也可以发生混排，这一过程被称为重配。重配在流感病毒的演化中起着重要作用（见本书第 245 页开始的"病原体"一章）。

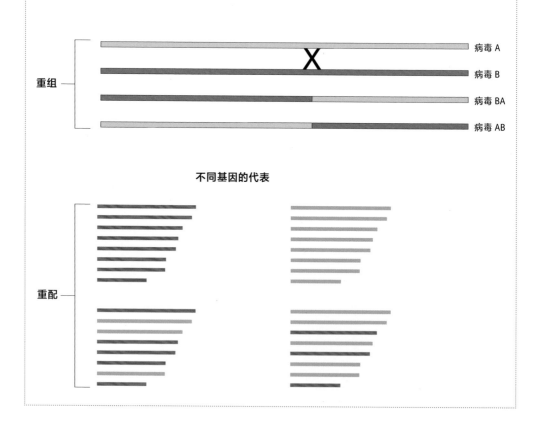

不同基因的代表

瓶颈效应

瓶颈效应是指某个种群在演化过程中数量急剧减少，从而丢失大量遗传变异的现象。关于种群瓶颈效应最著名的研究是猎豹（*Acinonyx jubatus*），这种非洲野生猫科动物在约一万年前的末次冰期中经历了严重的种群瓶颈，导致其基因多样性非常低，加之人类对猎豹栖息地的干扰，以及其自身繁殖能力的低下，使得猎豹如今的处境异常艰难，已经处在灭绝的边缘。

病毒种群也会经历瓶颈，这可能发生在病毒传播过程中，或是病毒从最初感染的细胞转移到宿主的其他部位的时候。但是病毒的高速演化可能会掩盖瓶颈效应的影响——即便从一个克隆株培养起来的病毒，经过一个感染周期后也能产生大量变异。瓶颈可能会在大多数传播事件中发生，并且导致病毒种群的遗传多样性下降。

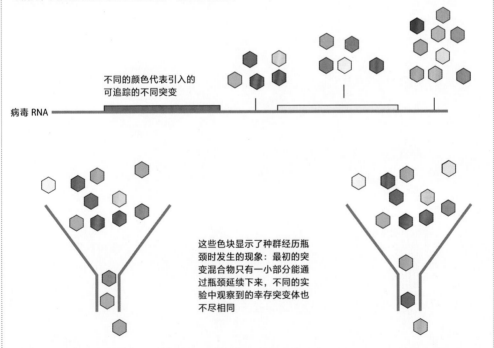

病毒传播或系统性感染过程中的瓶颈

下图所示为病毒感染瓶颈的实验研究：将所有的突变体混合并感染宿主，然后监测由此产生的病毒在宿主体内的复制和移动。如果重复这个实验，可能每次观察到的突变体数量都差不多，但每次得到的突变体不尽相同，因为瓶颈效应是完全随机的。科学家使用黄瓜花叶病毒开展这一实验时就观察到了这一点。在病毒从一个病灶扩散感染整个植株时，或者通过蚜虫媒介从一棵植株转移到另一棵植株的传播过程中，都可能出现瓶颈。

不同的颜色代表引入的可追踪的不同突变

病毒 RNA

这些色块显示了种群经历瓶颈时发生的现象：最初的突变混合物只有一小部分能通过瓶颈延续下来，不同的实验中观察到的幸存突变体也不尽相同

病毒与宿主在演化中的相互作用

病毒在其宿主的演化中起着关键作用，人类特异性蛋白约 30% 的适应性变化是由曾感染我们祖先的病毒塑造的，正是这些蛋白让我们区别于其他物种而成为人类。其中某些参与病毒相互作用的蛋白质来源于人类基因组中的尼安德特人基因。

病毒可以通过促进基因在物种间的转移来影响宿主的演化：病毒整合到宿主的基因组中，然后在离开时携带部分宿主基因，并在后续感染中将其引入新宿主的基因组，这就是所谓的水平基因转移。很多证据表明，这一过程对宿主的演化至关重要。此外，病毒与细菌之间双向的基因交换也非常频繁。

反过来，宿主也以多种方式影响着病毒的演化。在宿主高度多样化的自然环境中，病毒需要更强的适应性。例如，在植物中，一些病毒的宿主范围非常广泛——在某些情况下超过 1000 种。如果病毒通过蚜虫传播，那么蚜虫移居的下一棵植株可能与它感染病毒的植株不是同一种。对于这些病毒来说，大量的变异是一种优势。而在单一化种植的农作物中，变异优势似乎就没那么重要了，因为农田中的下一棵植株更有可能与病毒来源的植株非常相似。在农业或城市环境中常见的单一化种植或饲养的动植物可以让病毒快速演化，高度适应单一物种的宿主。这可能就是病毒流行病在野外很罕见，而在农业系统和人类社会中更为常见的原因。

≪ 农作物一般是单一化种植，因此更容易受到病毒流行的影响。图中美国中西部大片种植的大豆与野生草原的残余并存，草原部分的植物多样性显然更为丰富

变异株和逃逸者

病毒种群中变异株的演化，是指产生能够与宿主发生不同的相互作用或感染新宿主的新毒株。产生多种变异株的病毒很可能获得感染全新宿主的能力，也就是我们常说的物种跨越。

在病毒跨越物种之后适应新环境的过程中，通常可以检测到大量的变异。这种适应能力因病毒和宿主而异。变异株带来的最为关键的效应就是病毒可能会迅速演化以逃避宿主的免疫应答，无论这种免疫应答是因感染病毒还是接种疫苗而诱发的。对此我们将在病原体一章（第 245 页）进一步讨论。

病毒的种群可以在许多不同的层面上进行讨论：在世界各地发现的同种病毒的各种毒株构成了这种病毒的全球种群；在世界各地的不同社区中都可以发现这些毒株的子集，它们构成了病毒的社区种群；个体宿主通常会感染社区内的一个或几个变异株，这些毒株也会在该宿主体内建立一个新的种群；在同一宿主体内，身体的不同部位或不同器官中也可能存在不同的病毒种群；而在同一器官中，病毒也可能感染不同的区域并再次产生新的变异，建立新的种群；甚至单个受感染的细胞内也可以形成独立的病毒种群，抑或在同一细胞的不同区域分布着不同的病毒种群。对于植物病毒来说，同一植株的不同分枝中也可以发现同一病毒的不同种群。

≪ 中东呼吸综合征（MERS）病毒的传播周期。果蝠是这种病毒的携带者，它们的粪便会污染水体并将病毒传播给饮用这些水的骆驼，随后受感染的骆驼会将病毒传播给照顾骆驼的人类

病毒的种群

病毒种群发生在许多不同的水平：全球种群包括来自世界各地的所有毒株；单个宿主种群包括单个宿主体内的所有病毒变异株；同一宿主不同的身体部位也可能出现不同的病毒种群；单个部位或器官内部还可能出现不同的感染灶；单个细胞内也可能存在独立的病毒种群，甚至一个细胞内的不同区域也会出现不同的病毒种群。

全球种群

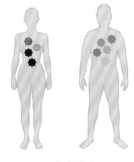

个体宿主

身体部位

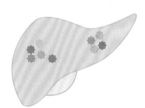

感染灶

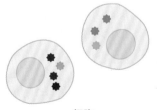

细胞

复制中心

一棵树的不同分枝中的病毒种群

在一项关于李痘病毒（一种感染果树的植物病毒）的实验中，研究人员给年幼的树苗接种了这种病毒，并跟踪观察数年。13 年后，这棵树不同的分枝上演化出了不同的病毒种群。

以 RNA 病毒为代表的高变异性病毒种群已经被研究了数十年，这方面最早的实验研究以 RNA 噬菌体为研究对象。高水平变异会产生一种有趣的影响——自然选择可以作用于病毒种群整体，而不是某个个体。例如，病毒种群中可能会出现产生缺陷蛋白的变异株，但同时也可能存在其他变异株能产生比原始蛋白功能更优的蛋白质，这种情况下，种群中的所有成员都可以利用这种更优

质的蛋白质，即便它们自己的基因组并不编码这种蛋白。这种现象叫作互补，即同一种群中的不同基因组可以相互补足并提供额外的功能。这些变异株在病毒感染宿主时是一种优势，但在病毒传播时可能会成为问题。因为在传播瓶颈中会丢失许多变异，而最佳或者说最合适的基因组可能并不在少数成功传播的基因组之列。

深度演化

病毒从何而来？比较相关生物体的基因组可以提供很多关于生命起源的信息。所有细胞生命都有一些共同的基因，科学家已经开始用这些基因来建立全面的生命之树（见第 27 页）。

通过一些可以准确测定年代的化石，我们可以确定不同细胞生命的演化年代。正如上面所讨论的，相关的病毒也可以进行比较，但由于并不存在所有病毒都有的共同基因，而且病毒的体积很小，也没有发现病毒的化石，因此当前的技术还无法确定最古老的病毒究竟是什么年代出现的。然而，虽然没有病毒本身的化石，但许多病毒基因组已经整合到宿主细胞的 DNA 中，并和宿主同步演化，而宿主的演化速度通常比病毒本身的演化速度要慢得多——因此这些整合到宿主基因组中的病毒基因组可以视为另一种形式的病毒"化石"。针对它们的研究大部分是关于逆转录病毒的（见第 44 页）。

关于病毒的起源，科学家们提出了三个主要的假设：

1. 病毒在细胞生命之前就演化出来了。

2. 病毒曾经是一种细胞生命，它们进入其他细胞内生活，不再需要全部的原始基因，最终丢失了大部分基因组。

3. 病毒是从自细胞中逸出的小片段 DNA 或 RNA 演化而来的。

这些假设各自都有一些证据支持，但目前还没有什么决定性的证据能够让某种假设脱颖而出。最有可能的情况也许是不同的假说同时成立，共同塑造出今天的病毒。例如，假设用于复制的基本基因出现在细胞生命之前，那么其他基因可能是病毒在第一种细胞生命出现后的 30 亿 ～ 40 亿年间从宿主细胞中获得的。有些像巨型病毒那样的病毒似乎更有可能从细胞演化而来，而一些最简单的 RNA 病毒则可能在细胞生命出现之前就已经存在了。

近年来，关于病毒演化的研究突飞猛进，以至于 2015 年创立了一份专门讨论这一主题的学术杂志[1]。自 2019 年底新型冠状病毒感染大流行开始以来，了解病毒演化的重要性也日益凸显。科学家希望通过更好地理解病毒的演化，从而在疾病大流行发生之前预测并避免最坏的情况，但目前这还只是个美好的愿望。

❯ 关于病毒的起源众说纷纭：它们可能在细胞之前演化并导致细胞生命的出现；它们可能是在最早的细胞生命出现后不久演化而来，但早于所有现生生物分化之前最后的共同祖先（LUCA, the Last Universal Common Ancestor）；或者不同的病毒可能分别起源于不同的细胞系——真核生物、细菌和古菌

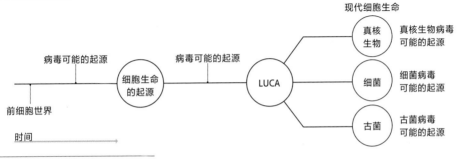

现代细胞生命

病毒可能的起源　　　病毒可能的起源　　真核生物　真核生物病毒可能的起源

细胞生命的起源　　　LUCA　　细菌　细菌病毒可能的起源

前细胞世界　　　古菌　古菌病毒可能的起源

时间

---

1 指牛津大学出版社出版的半年刊杂志《病毒进化》（*Virus Evolution*）。

VSV　Indiana vesiculovirus
印第安纳水疱性口炎病毒
实验病毒学的经典病毒

- V 类
- 弹状病毒科　Rhabdoviridae
- 水疱病毒属　Vesiculovirus

基因组	线性、单分体、单链 RNA，约 11 000 个核苷酸，编码 5 种蛋白质
病毒颗粒	有包膜、细长子弹状，约 75 纳米 ×180 纳米
宿主	白蛉、蚋、牛、马、猪
相关疾病	粘膜病变
传播途径	昆虫媒介
疫苗	无

　　印第安纳水疱性口炎病毒俗称水疱性口炎病毒（vesicular stomatitis virus，VSV），在我们研究反义链 RNA 病毒演化的过程中发挥了非常重要的作用。这些病毒有一个有趣的特征，它们的病毒颗粒中携带有依赖于 RNA 的 RNA 聚合酶。这让科学家们可以在实验室里用分离的病毒颗粒研究这种酶——这比试图从整个细胞环境中分离出这种酶要简单得多。

　　水疱性口炎病毒的一项早期研究表明，病毒酶无法去除添加到复制链末端的核苷酸，而这一步对于修复错误至关重要。如果聚合酶在复制过程中插入了错误的核苷酸，"校对"酶就会将其去除并替换为正确的核苷酸。然而水疱性口炎病毒颗粒中的聚合酶无法执行这一步，因此无法进行校对。这也是 RNA 病毒表现出如此高水平变异的主要原因。

　　许多关于 RNA 病毒演化的前沿研究都用到了水疱性口炎病毒，包括证明添加化学诱变剂并不会显著改变病毒基因组变异水平的研究。这意味着病毒是在演化的刀尖上"跳舞"，它们在复制期间产生的突变已经是其能承受的最高水平，任何更高的突变频率都会使病毒无法存活。高变异性种群的生物效应是整个种群协同作用的结果（即整个种群可以视为单个"准种"，见第 154 页），这一点也同样在水疱性口炎病毒的研究中得到证实。

　　由于水疱性口炎病毒在昆虫（如白蛉）和家畜体内都能正常复制，它也被用于研究病毒在这些相差甚远的宿主间来回转移对宿主演化历程的影响。这种感染不同宿主的能力要求病毒在适应性方面具有很强的可塑性。许多 RNA 病毒在其主要宿主和昆虫媒介体内都会进行复制，但大多数 DNA 病毒不会这么干，只有一些植物的双生病毒是个例外。这些双生病毒也

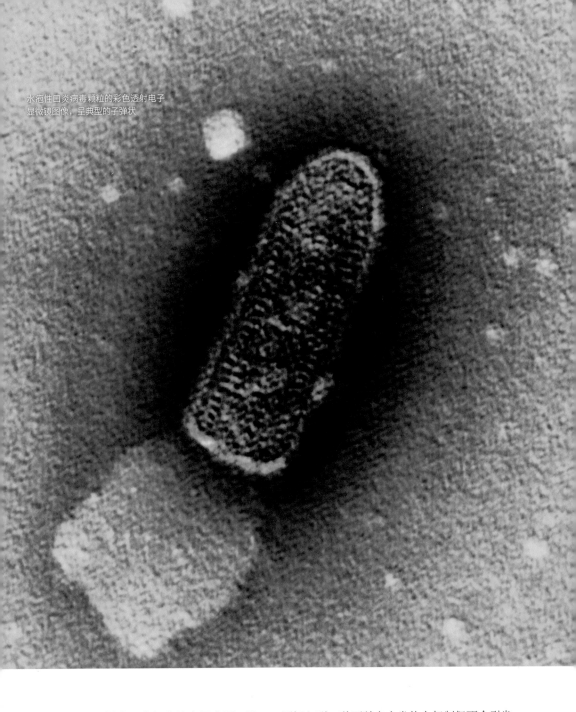

水疱性口炎病毒颗粒的彩色透射电子
显微镜图像，呈典型的子弹状

和 RNA 病毒一样表现出极高的变异水平，这种高度变异性可能是适应跨度极大的宿主的必要条件。

　　近年来，科学家开始用水疱性口炎病毒来研发疫苗递送系统：把目标病毒中编码蛋白质的基因插入到一种可以在人类体内复制但不会引发任何疾病的水疱性口炎病毒的基因组中，用这种改造过的病毒感染人体就可以诱发免疫系统对目标病毒蛋白质的免疫应答，从而获得免疫力。这种方法目前已被用于生产埃博拉病毒的疫苗。

人类甲型疱疹病毒 1 型

一旦感染终身携带的世界性人类病毒

- I 类
- 疱疹病毒科 Herpesviridae
- 单纯病毒属 Simplexvirus

基因组	线性、单分体、双链 DNA，包含约 152 000 个碱基对，编码约 75 种蛋白质
病毒颗粒	球形包膜，包裹二十面体核心
宿主	人类
相关疾病	感冒，生殖器疮，脑膜炎，脑炎
传播途径	直接接触病变部位的渗出液
疫苗	无

人类甲型疱疹病毒 1 型也叫单纯疱疹病毒 1 型（herpes simplex virus-1，HSV-1），是一种非常常见的人类病毒，通常在生命早期感染并终身携带。根据携带该病毒抗体的人口比例推算，其全球感染率约为 60%。

单纯疱疹病毒 1 型潜伏在神经节中，通常处于长期休眠状态。当病毒被激活时，它会沿着神经传播，导致黏膜和正常皮肤的交界处发生病变。最常见的病变是唇疱疹，但该病毒也可能导致生殖器病变。人们一度认为所有的生殖器病变都是由人单纯疱疹病毒 2 型（HSV-2）引发的，但现在我们知道这两种病毒都可以在人体任何部位引发病变，并且单纯疱疹病毒 1 型导致的生殖器病变正变得越来越常见。这种病毒还可以感染眼睛，甚至导致失明，极少数情况下还可能引发严重的脑部感染，甚至致人死亡。

HSV-1 通过病毒编码的依赖于 DNA 的 DNA 聚合酶进行复制，这种酶复制 DNA 的准确性很高。很长一段时间以来，人们认为这些大型 DNA 病毒的变异水平不会很高，但是近些年来新的研究表明，从世界各地的个体中分离出来的病毒是高度多样化的。不同宿主之间和单一宿主体内的病毒种群也都存在变异。HSV-1 基因组具有许多有趣的特性，正是它们导致了这种高于预期的变异水平，例如，特殊的 DNA 结构可能导致其在复制过程中产生更多的错误。单一宿主体内的一些变异也有可能是由于同时感染多种毒株导致的。

这种病毒在复制过程中还会经历大规模重组，从而导致变异水平的提升，这在多个毒株感染同一个体时表现得尤为明显。核苷酸测序分析能力的不断提高为病毒学家提供了便利

基于冷冻电子显微镜数据绘制的
HSV-1病毒颗粒模型

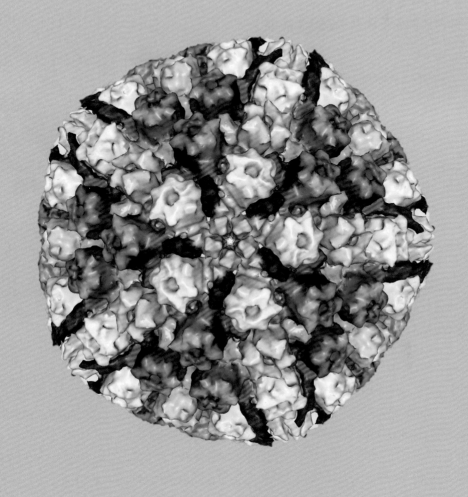

的工具，让我们得以深入研究单个宿主体内的病毒种群，这对于大多数大 DNA 病毒来说仍是未知的领域。这些研究将有助于我们理解这种病毒在广泛变异的情况下，是如何保持如此稳定的感染人类的能力的。通过与感染黑猩猩（*Pan troglodytes*）的同类病毒的比较，病毒学家发现，似乎自人类与其他灵长类动物分化以来，HSV-1 就一直在感染人类。

Morbilliviruses

麻疹病毒

不断演化感染不同宿主的同类病毒

- V 类
- 副黏病毒科 Paramyxoviridae
- 麻疹病毒属 Morbillivirus

基因组	线性、单分体、单链 RNA，包含约 16 000 个核苷酸，编码 8 种蛋白质
病毒颗粒	球形，具包膜，直径 100 ~ 300 纳米
宿主	分别感染牛、人类、狗和其他食肉动物
相关疾病	牛瘟、麻疹或风疹、犬瘟热
传播途径	空气传播
疫苗	减毒活疫苗

麻疹病毒是已知传染性最强的病毒之一。通过接种疫苗，我们已经消灭了这类病毒引发的牛瘟，麻疹和犬瘟热也在很大程度上得到控制，但近年来犬瘟热病毒出现在野生动物中，对野生食肉动物构成威胁。

牛瘟是已知最致命的牛疾病之一，关于它的报道已经有数百年的历史。牛瘟可能起源于非洲，之后随着牛的迁徙传到了欧洲。19 世纪后期，非洲 80% ~ 90% 的牛死于牛瘟的大规模流行，这迫使科学家开展了针对这种疾病的大量研究。通过接种疫苗来预防严重疾病的方法始于 18 世纪。1918 年，通过对受感染组织进行热处理制备的灭活疫苗问世。1957 年，人们成功开发出以减毒活病毒为基础的牛瘟疫苗。通过广泛接种疫苗，目前认为牛瘟已经被根除——这是继天花之后，第二种被人类彻底消灭的疾病。

麻疹病毒的起源尚不明确，但早在 11—12 世纪就已经出现关于麻疹流行的记录。把麻疹病毒和牛瘟病毒的基因组放在一起进行比较就会发现，麻疹病毒就是在那个时候由牛瘟病毒演化而来的。人们认为人与牛之间的密切接触使得牛瘟病毒传染给了人类。麻疹首发症状为咳嗽、发热、流鼻涕，接着是全身皮疹。尽管大部分病例的症状没那么严重，但可能会由此引发多种并发症，这些并发症可能留下长期后遗症甚至致死。不过麻疹很容易通过接种疫苗来预防。

16 世纪早期，在欧洲人殖民中美洲和南美洲后，麻疹的流行对当地原住民造成了毁灭性的打击，因为他们此前从未接触过这种病毒，也就缺乏相应的免疫力，感染者的死亡率高达约 25%。犬瘟热于 16 世纪中期在南美洲首次发现，人们认为它是因人类的麻疹病毒传播给狗造成的，因为过去曾有将死者（其中不少患有

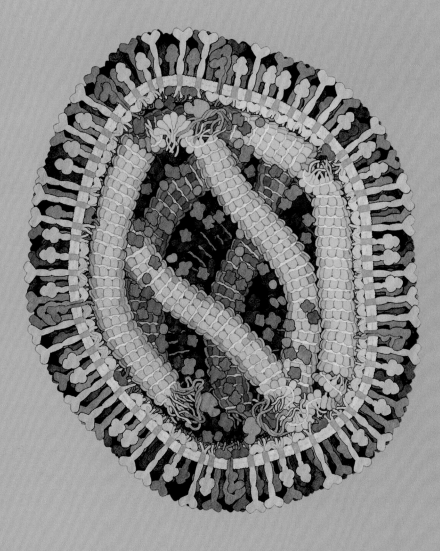

麻疹）的尸体喂食给狗的惯例。直到约 20 年后，
欧洲才首次报道这种疾病，这也支持了这种病

毒最早出现在南美洲的观点。犬瘟热会引起呕
吐、腹泻，有时还会导致癫痫和死亡。

Qubevirus durum
硬壳丘贝病毒
病毒演化的早期模型

· ·

- Ⅳ类
- 菲尔斯病毒科　Fiersviridae
- 丘贝病毒属　Qubevirus

· ·

基因组	线性、单分体、单链 RNA，包含约 4200 个核苷酸，编码 4 种蛋白质
病毒颗粒	无包膜，二十面体，约 26 纳米
宿主	大肠杆菌及其近亲
相关疾病	细胞裂解和死亡
传播途径	扩散

　　硬壳丘贝病毒也称 Qβ 噬菌体，是第一种被广泛用于 RNA 病毒演化研究的病毒。对这种病毒的研究验证了一种描述 RNA 病毒种群的理论框架——即"准种"，这个术语更多是源自物理学概念而非生物学概念，与物种的生物学概念无关。

　　准种背后的基础理论是，RNA 病毒可以在一个感染周期中产生大量的变体，但是这个种群在自然选择方面表现得像是一个个体。这是因为所有的变体可以协同工作，不同的变体提供不同的功能。真核生物的每个基因通常具有两个副本（分别来自双亲），称为等位基因。万一某个等位基因发生有害突变，另一个副本可以抵消这种影响。以囊性纤维化的突变为例，两个"坏的"等位基因必须同时存在才会致病。在一个病毒种群中也会发生类似的事情，每个变体相当于一个等位基因，这意味着在较大的变异性种群中，可能存在数百或数千个等位基因。

　　Qβ 噬菌体可以感染具有性菌毛的细菌。性菌毛是一种毛发状的附属结构，能够让同种细菌的不同个体相互黏附并分享 DNA，或者说

"交配"。Qβ 噬菌体附着在性菌毛的一侧进入细菌宿主。一旦进入细菌内，它们就会疯狂复制，直到细菌因充满病毒而破裂。

　　Qβ 噬菌体最初也被用于研究一种以 RNA 为模板复制 RNA 的酶，即依赖于 RNA 的 RNA 聚合酶。这种酶由四种蛋白质构成，但只有一种由病毒自身编码，其他三种均来源于宿主细菌。病毒用来复制自己基因组的酶大部分都是如此。人们一度认为只有病毒会用到这种酶，直到后来在植物中也发现了一种具有类似功能的酶，人们才认识到这种酶是广泛存在的。然而，如果比较病毒酶和宿主酶的核苷酸序列，就会发现它们之间似乎没有亲缘关系，而是从不同的起源演化出相同的功能——这一过程被称为趋同演化。

计算机基于晶体学和冷冻电子显微镜
数据模拟生成的硬壳丘贝病毒结构
模型

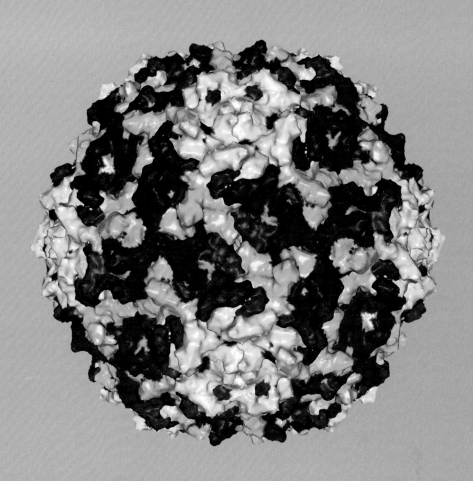

THE BATTLE BETWEEN VIRUSES AND HOSTS

病毒与宿主之间的斗争

免疫

病毒通常被认为是诱发疾病的邪恶因子。从细菌到原生生物、真菌、植物再到动物（包括人类），虽然很多病毒确实会在上述各种生物中引发疾病，但是大多数病毒其实并不致病。我们更熟悉那些致病的病毒，只是因为我们对它们进行过更为彻底的研究。这一章我们将重点介绍宿主是如何对抗病毒的。

免疫可以分为两个主要层次——先天免疫和适应性免疫。长期以来，这两个免疫系统被认为是相互独立的，但现在我们已经很清楚，这两个系统通过大量的信号分子在某种程度上相辅相成：先天免疫是启动适应性免疫的关键，适应性免疫也需要依赖先天免疫来共同清除病原体。

所有的细胞生命都有对抗病原体的免疫系统。对病毒免疫意味着你可能不会被感染，或者就算感染了也不会病得很重。免疫是一个涉及不同层级的整体反应，相关术语可能会造成理解上的困难，所以在开始前我们需要解释一些基础的术语。这些术语在不同的地方也许会有不同的定义，所以接下来的解

不同细胞生命中的免疫应答

	脊椎动物	无脊椎动物	植物	真菌	原生生物	细菌 & 古菌
适应性免疫	抗体	RNA沉默	RNA沉默	RNA沉默	RNA沉默	规律间隔成簇短回文重复序列（CRISPR）
免疫记忆	有	有	无	无	无	有
先天免疫	物理屏障、白细胞、防御分子、细胞杀伤	物理屏障、白细胞、防御分子	物理屏障、限制移动、防御分子、细胞杀伤	物理屏障、限制移动	物理屏障	物理屏障、限制酶

参与人体免疫系统的细胞

脊椎动物免疫系统对抗病毒感染的免疫应答主要有两种方式：先天免疫启动迅速，涉及多种不同的血细胞和淋巴细胞；适应性免疫反应较慢，涉及 B 细胞和 T 细胞。B 细胞可以产生具有针对病毒某个部位的特异抗体，这些细胞可以存活很长时间，从而形成免疫记忆。T 细胞可以直接杀死被病毒感染的细胞。

⬤ **先天免疫（快速反应）**

⬤ **适应性免疫（缓慢反应）**

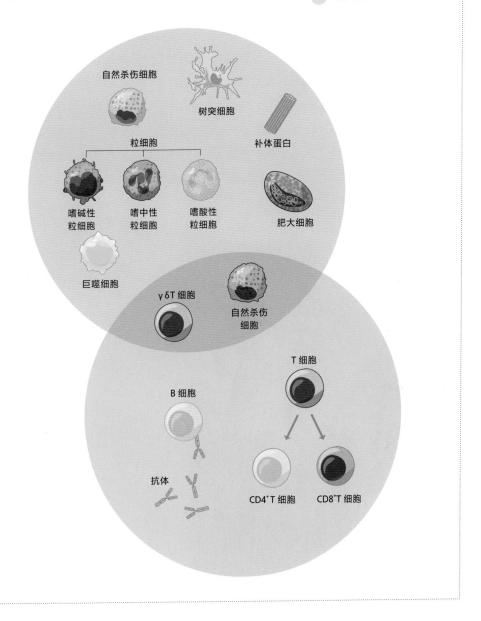

释并不是绝对的，只是代表它们在本书中的含义。这些定义适用于所有生命形式，从细菌到植物、真菌以及人类。

耐受

耐受意味着感染后不会发病或症状很轻。对某种感染耐受的人如果被感染了，仍然可以传播疾病，而且因为没有症状，他们很可能不会意识到自己被感染了。人类历史上关于耐受最著名的例子是玛丽·马伦（Mary Mallon，1869—1938），这位女士感染了一种引起伤寒的细菌但是没有任何症状。她从爱尔兰移民到美国后，成为了一名厨师，导致很多与她接触的人感染了伤寒，甚至最终死亡，她也因此被称为"伤寒玛丽"。耐受现象在病毒感染中十分常见。

抗性

对病原体具有抗性指不会被感染，也不会出现病症。抗性可能与免疫系统直接相关，但也有可能是宿主出于多种不同的原因根本无法感染病毒。抗性是一个经常在农业中使用的术语，人们会选育出许多对病毒感染具有抗性的作物，或者通过 DNA 重组技术来培育抗病毒品种。有时这种抗性需要植物的免疫系统参与，但也有一些还不清楚其原理。

<< 来到美洲的欧洲探险者带来了许多疾病，包括天花和流感，给当时的美洲原住民造成了致命的打击

↗ 玛丽·马伦，更广为人知的名字是"伤寒玛丽"，与一群囚犯一起被隔离在长岛湾的一座岛上，图中坐在右数第四位的就是玛丽。虽然伤寒是一种细菌性疾病，与本书的主角病毒无关，但玛丽的故事是耐受性的绝佳例子

易感性

　　易感性和免疫力是一组此消彼长的相对概念。如果宿主从未接触过某种病毒，就会对其完全易感，也就是很容易被感染。如果之前已经有过某种形式的接触，即使当时没有发病，通常也能获得一定程度的免疫力。某些情况下，部分免疫会和耐受有些相似。比如多次接触同种病毒可以逐渐获得免疫力，使得宿主看上去似乎对这种病毒具有耐受性。在环境中流行的病毒可以使人群获得这种类型的免疫力。当病毒开始感染此前未曾接触过的宿主时，其毒力通常是最强的。这就是为什么在欧洲殖民者到达美洲后，许多当地原住民死于流感或麻疹，甚至是普通感冒病毒。

先天免疫

先天免疫又称固有免疫，是抵御外来病原体的第一道防线。它并非专门针对病毒，而是一种非特异性反应。先天免疫始于物理屏障，包括皮肤、黏膜、植物的角质层，以及细菌和古生菌的细胞壁，这些屏障都可以阻止病毒等外来物质进入宿主。在一些动物体内，呼吸道、胃肠道和泌尿生殖道等黏膜表面还生活着许多对宿主无害的微生物群落，统称为微生物群（microbiota），这些微生物群在阻止或战胜入侵病原体方面发挥着重要作用。

一旦物理屏障被突破，下一层级的先天免疫就会启动。动物先天免疫中经常有分泌物的参与，如泪液、胃酸和黏液等，其中含有一些可杀死入侵病原体的抗菌物质。此外，哺乳动物呼吸道内壁的细胞具有一种毛发状的突起，叫作纤毛，它能够有序摆动，将包括病原体在内的外来物质扫出体外。当机体检测到异物时，像组胺这样的化学信号会将血液带到该区域，启动炎症反应。这个过程有几种白细胞参与，它们在调节反应、清除病毒或细菌等异物和释放其他化学物质方面发挥重要作用。伤口局部的温度升高或全

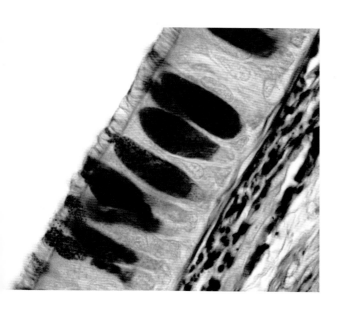

<< 呼吸道上皮细胞，可以看到毛发状的纤毛，以及分泌黏液的杯状细胞

参与先天免疫的细胞和因子

脊椎动物的先天免疫系统涉及对微生物相关分子模式（MAMPs）的识别，从而触发一系列事件。有些免疫细胞也可以被压力或癌症激活。在植物中，也存在类似的 MAMPs 识别，但下游途径有所不同。病毒常常会演化出绕开识别系统的方法来逃避免疫应答。

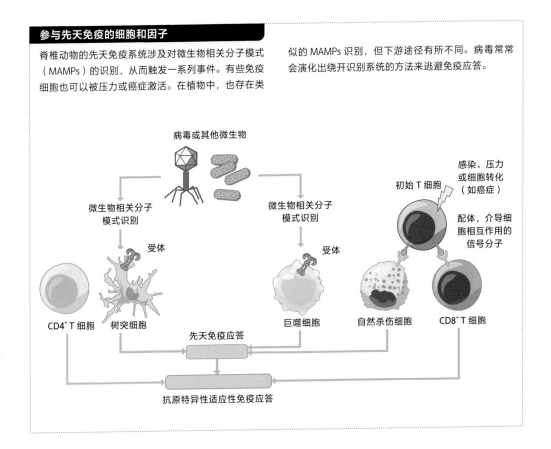

身发热都是炎症反应的一部分。感染温血动物的病毒能够耐受的温度区间通常很小，环境温度升高会导致它们的自我复制减慢或停止。所以，尽管发烧可能会让宿主感到难受，但它却是对抗病毒感染过程中的重要一环。

在脊椎动物宿主中，病毒会诱导机体产生有助于对抗病毒的特定小分子，如干扰素。这样的信使分子参与不同反应过程和不同细胞类型之间的通信，以协调机体产生适度的免疫反应。为保证机体在应对病毒感染时能够产生适当水平的干扰素，一些肠道细菌也起到重要作用。

先天免疫的另一层级涉及对不属于宿主的分子标记的非特异性识别。这些标记可以是核酸或蛋白质，被称为微生物相关分子模式（MAMPs）。对于 RNA 病毒，MAMPs通常是病毒会产生但细胞不产生的 RNA 类型，如双链 RNA，或以不同于细胞 RNA 的方式修饰的 RNA。MAMPs 会触发一系列针对这些外来因子的化学信号。在植物和动物中都存在这种类型的先天免疫，尽管具体的细胞受体和效应器各不相同。另一种情况是，病毒对细胞造成损害，受损和破裂的细胞碎片会诱发先天免疫。对哺乳动物而言，这是一种为防止病原体引起的感染和严重损害而做出的特别重要的反应。

一旦宿主意识到自己的某个细胞被病毒感染，它可能会杀死这个细胞以防止病毒进一步复制和传播。在植物中，常常可以看到叶片上出现小块的坏死组织，称为局部病变，就是这种情况。植物先天免疫的其他方面还包括物理屏障或抵制昆虫取食，以及限制病原体在植株中的移动。

在大多数情况下，一旦先天免疫反应被激活，它就能迅速应对任何外来入侵者。这意味着一种病毒的感染可以使宿主做好对抗另一种病毒的准备。如果第一种病毒很温和，比如说感冒病毒，那么当宿主又感染另一种更严重的病毒时，先前的感染反而对宿主有利。这种预启动作用也跨类群生效，适用于不同的微生物，因此细菌感染可以启动先天免疫系统，以准备对抗病毒感染。在植物中，这个系统被称为系统获得抗性，其中还有植物激素的参与，包括水杨酸，它也是常用抗炎药阿司匹林的基础成分。

<< 藜麦（Chenopodium quinoa）叶片对病毒感染的先天免疫应答。这种植物对病毒有很强的先天免疫应答，被各种植物病毒感染时都会产生如图所知的坏死斑，即局部病变

>> 被红细胞包围的白细胞。白细胞有几种不同类型，包括B细胞和T细胞

适应性免疫

所有的细胞生命——包括动物、植物、真菌、细菌和古菌——都具有适应性免疫系统（详见第 158 页的表格）。我们对动物体内的适应性免疫系统研究得最为详尽，它包括两道防线：细胞免疫和体液免疫。

细胞免疫由 T 细胞参与，它能迅速杀死感染病毒的细胞以阻止病毒进一步扩散。体液免疫则由 B 细胞参与，它在骨髓中产生，可以生成特异性识别并结合病毒组分的抗体。抗体与病毒组分的结合会触发一系列下游反应。抗体可能直接使病毒失活，或者与

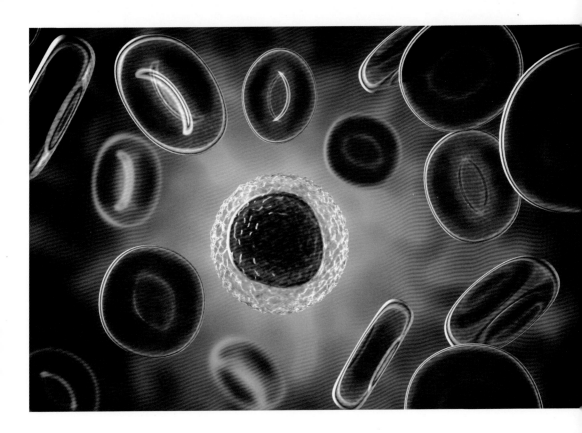

↟ 正在释放新产生的抗体的B细胞
的艺术渲染图

病毒结合并阻止其进入细胞，或给病毒打上标记以便其他细胞将其清除（详见第159页的插图）。T细胞和B细胞相互协作，并与先天免疫的各种成分相互配合，彻底清除体内的病原体。

　　B细胞有一个非常重要的特征——它们拥有记忆力。一旦B细胞识别出某种病毒，即便在病毒感染清除后，这种识别能力仍会保留在B细胞群中。如果这些细胞再次遇到同样的病毒，它们就会很快产生大量的抗体。

同样，T细胞也有记忆。如果它们再次遇到之前感染过的病毒，就会迅速复制并产生更多能够杀死受感染细胞的T细胞，以防止病毒扩散。记忆细胞的寿命有长有短，对于一些病毒来说，针对它们的记忆细胞的寿命会持续宿主的一生，比如天花病毒；而对于其他一些病毒，记忆细胞的寿命则只有一两年，例如鼻病毒。目前还不清楚是什么决定了特异性记忆B细胞或T细胞的寿命。

　　植物、无脊椎动物、真菌和原生生物则拥有一套与脊椎动物截然不同的适应性免疫系统，叫作RNA沉默或RNA干扰。这种系统首先在植物中发现，然后是在线虫中。它通过产生小干扰 RNA（siRNA）来识别并靶向病毒的基因组并导致其降解。在植物中，siRNA 在病毒感染之前就游走于植株各处，所以当病毒离开最初感染的细胞时，它们已经准备就绪，随时能发挥

RNA 沉默

RNA 沉默是植物（RNA 沉默最早就是在植物界中发现的）、无脊椎动物、真菌和原生生物的适应性抗病毒反应。RNA 病毒的自我复制或某些 DNA 病毒的转录过程中会产生双链 RNA，而细胞不会产生任何长的双链 RNA，只会产生一些很短的片段。双链 RNA 会触发 RNA 沉默通路。细胞内有一种叫切丁酶（DICER）的核酸内切酶，它会将双链 RNA 剪切成 21 或 22 个核苷酸的短片段，称为小干扰 RNA（siRNA），其序列与双链 RNA 的一条链相同。它们由宿主酶复制，然后与一种名为 Argonaut 的蛋白质（AGO 蛋白）结合，形成 RNA 诱导沉默复合体（RISC）。随后 siRNA 识别具有相同序列的病毒 RNA 并与之结合，导致病毒 RNA 被切成小段。这一通路在无脊椎动物、真菌和原生生物也是类似的，并且在许多会产生调控 RNA 的不同细胞生命形式中也发现了相似的通路。

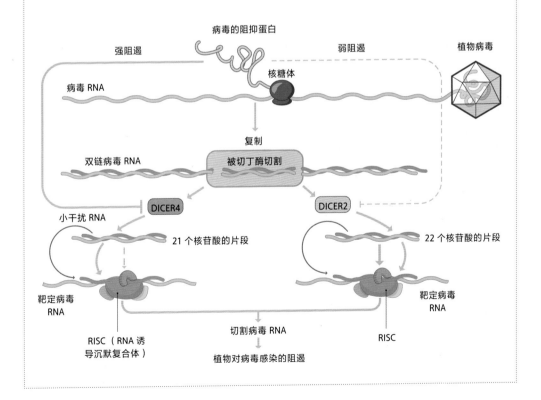

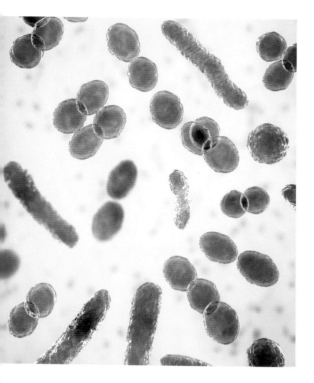

效用阻止病毒进一步扩散。与 B 细胞或 T 细胞介导的免疫系统不同，就目前所知，RNA 沉默免疫系统没有记忆功能。

细菌和古菌还具有它们自身的适应性免疫系统，同样有 RNA 的参与，这个系统被称为规律间隔成簇短回文重复序列（CRISPR）。在这个系统中，宿主细胞可以产生与病毒序列相同的 DNA，并将其插入到宿主基因中。当细胞检测到病毒感染时，就会产生 CRISPR RNA（crRNA），这些 RNA 可以与酶组成复合体，降解病毒 DNA。只有在细胞的 CRISPR DNA 包含与入侵病毒相同的序列的情况下，这个系统才会生效，所以它只能针对之前遇到过的病毒。CRISPR 具有多代记忆，因为在细胞分裂的过程中，基因会代代相传，但随着时间的推移，相关序列也可能会丢失。

↖ 各种形状的常见细菌，包括杆菌和球菌

↖ 一种常见古菌的三维立体图，这种古菌通常生活在人类的肠道中

CRISPR 介导的适应性免疫

细菌和古菌中的适应性免疫系统被称为规律间隔成簇短回文重复序列（CRISPR）。当病毒进入细菌细胞时，病毒基因组会被宿主酶切成小片段。然后这些片段被插入到细菌基因组的 CRISPR 基因中，位于短回文核苷酸序列之间。当一种新的病毒感染细菌时，CRISPR 基因被转录成 RNA，转录产物在每个回文序列的末端被切割成段，生

成的 RNA 片段将与一种酶（Cas 酶）结合，组成 Cas 复合体。如果 Cas 复合体中的序列与此时入侵的病毒序列相匹配，病毒基因组就会被切成碎片。这个机制也能产生免疫记忆。CRISPR 和 Cas 复合体已经被开发成一种修饰真核生物基因组的基因编辑工具，也被用于改造植物甚至人类。

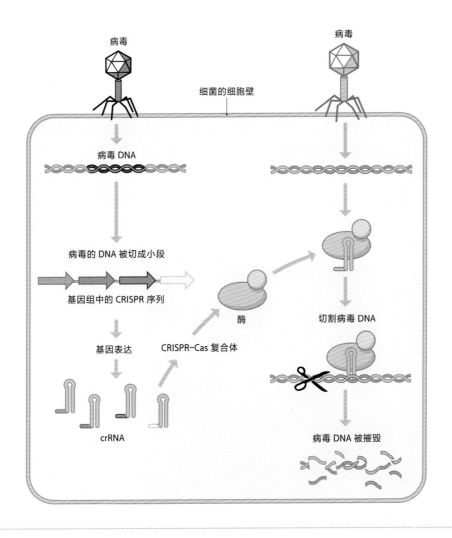

疫苗接种

病毒感染通常会激发强有力的免疫应答，这种应答会持续数年甚至终身，这也是疫苗的作用原理。疫苗可以有多种形式：近缘病毒、灭活病毒、减毒活病毒、由另一种病毒表达的目标病毒的一部分、病毒的 DNA，以及近些年最新的 RNA 疫苗——进入细胞后可以诱导合成病毒蛋白的 RNA 分子。在对抗病毒的历史上，上述疫苗都曾有过非常成功的案例。

近缘病毒疫苗

天花早在公元 6 世纪就开始在全球各地传播，曾为祸人间数个世纪。它的病死率约为 30%，而那些幸存者通常也会留下终生无法消除的瘢痕。早在人们知道什么是病毒之前，中国就已经开始了人痘接种：通过划破皮肤或从呼吸道吸入的方式，将患者天花疮中的体液接种给一些没有患过天花的人，以此来帮助他们预防天花。人痘接种仍然充满风险，但显然比真正的病毒全面感染要安全一些。后来，欧洲各地以及去往美洲的欧洲殖民者也曾采用这种方法来预防天花。

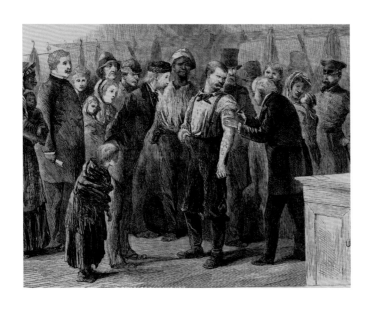

<< 这张1872年的蚀刻版画描绘了纽约市为穷人设计的人痘接种诊所，当时人们尚不知道天花是由病毒导致的

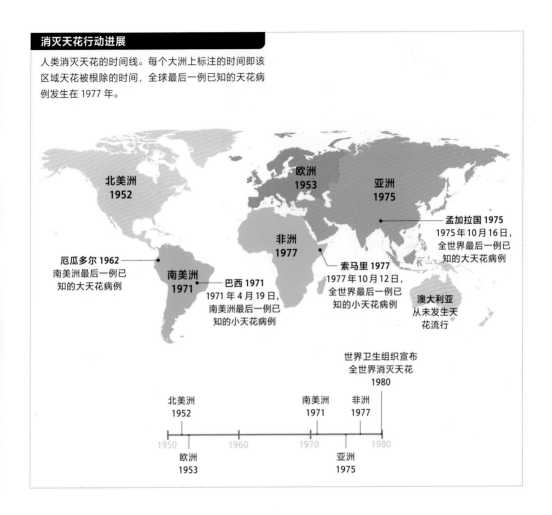

消灭天花行动进展

人类消灭天花的时间线。每个大洲上标注的时间即该区域天花被根除的时间，全球最后一例已知的天花病例发生在 1977 年。

欧洲
1953

北美洲
1952

亚洲
1975

孟加拉国 1975
1975 年 10 月 16 日，
全世界最后一例已
知的大天花病例

非洲
1977

厄瓜多尔 1962
南美洲最后一例已
知的大天花病例

南美洲
1971

巴西 1971
1971 年 4 月 19 日，
南美洲最后一例已
知的小天花病例

索马里 1977
1977 年 10 月 12 日，
全世界最后一例已
知的小天花病例

澳大利亚
从未发生天
花流行

世界卫生组织宣布
全世界消灭天花
1980

北美洲
1952

南美洲
1971

非洲
1977

1950   1960   1970   1980

欧洲
1953

亚洲
1975

18 世纪末，一位名叫爱德华·詹纳（Edward Jenner, 1749—1828）的英国医生注意到挤奶女工很少会感染天花。事实上，当时的挤奶女工常常是村子里最漂亮的女人，可能正是因为她们脸上没有天花留下的瘢痕。詹纳推测，挤奶女工可能从奶牛身上感染过毒性温和的牛痘，而这种感染可以预防天花感染。他在自家园丁的小儿子身上试验了这一猜想，给他接种了牛痘，然后数次让他接触天花病毒，而这个男孩从未患上天花。詹纳将这一过程称为牛痘接种（vaccination），取自牛痘病原体的名字"vaccinia"，而这个词也成为今天泛指疫苗接种的术语。

牛痘接种成功取代了人痘接种，成为预防天花的主要手段并得到广泛应用。20 世纪 50 年代，全球消灭天花计划启动，而到 1980 年，世界卫生组织宣布该计划成功完

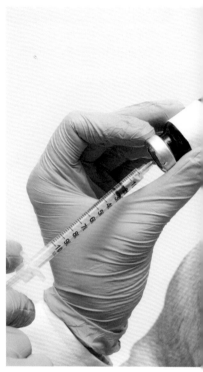

成。目前，天花仍然是唯一一种通过接种疫苗而成功消灭的人类病毒疾病。这也是因为天花病毒只感染人类，而没有其他任何野生宿主充当病毒库，只有这样的病毒才能被成功根除。

灭活病毒疫苗

19世纪晚期，法国微生物学家路易·巴斯德（Louis Pasteur，1822—1895）用受感染的兔子研制出一种灭活狂犬病疫苗，并成功防止了一个被患病动物咬伤的人患上狂犬病。虽然这种原始疫苗存在一些问题，但以它为起点，人们最终研发出了非常有效的狂

↖ 路易·巴斯德的画像，芬兰画家阿尔贝特·埃德费尔特（Albert Edelfelt）创作于1886年的布面油画。巴斯德在研制疫苗时并不知道狂犬病是由病毒引起的，要到数十年之后人们才发现病毒的存在

↑ 狗通常在幼犬时期就接种狂犬病疫苗，然后每年接受一次加强免疫。在世界上很多地区，这种策略在很大程度上让人类免于患上狂犬病

↗ 脊髓灰质炎疫苗接种诊所分发方糖状的减毒活疫苗

犬病疫苗。在世界上许多地方，由于大多数宠物都接种了疫苗，狂犬病已经成为一种罕见病。想要预防某种病毒性疾病，通常需要在接触病毒之前接种疫苗，但狂犬病毒在人体内的增殖较为缓慢，因此在被咬后一段时间内接种疫苗依然有效。

减毒活疫苗

疫苗也可以由经实验室改造的不引发疾病的完整活病毒制成，这种疫苗称为减毒活疫苗。其制备原理是，在实验室里，让病毒在非典型宿主细胞中生长，随着时间的推移，它会演化出丢失致病性的毒株。在成功用这种方法制备出黄热病疫苗后，减毒活疫苗得到广泛应用，成为整个 20 世纪下半叶非常常见的一类疫苗。从 20 世纪 50 年代开始广泛使用的方糖脊髓灰质炎疫苗也是一种减毒活疫苗。在减毒活疫苗出现之前，脊髓灰质炎还可以通过接种热灭活病毒来预防。目前在发达国家中，热灭活疫苗更常用，但方糖疫苗更容易运输，接种依从性更高，因此在世界上许多地方仍使用减毒活疫苗来预防脊髓灰质炎。但减毒活疫苗存在一个缺陷，那就是作为疫苗的病毒会有很小的概率恢复致病性，这也是脊髓灰质炎（小儿麻痹症）尚未被消灭的主要原因。

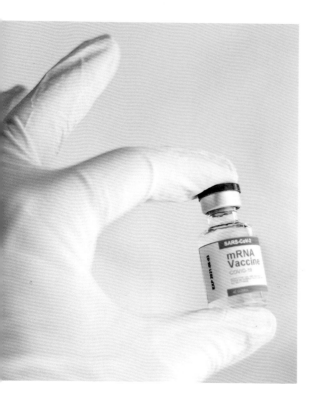

RNA 疫苗

由于免疫系统存在太多我们尚未完全了解的不确定性，因此疫苗的效果如何是很难预测的。通常，科学家必须通过反复的试验和失败来获知疫苗的效果。2019 年，研究者开发出一种 RNA 疫苗，它可以表达严重急性呼吸综合征冠状病毒 2（SARS-CoV-2）的突起蛋白——这种病毒正是导致新型冠状病毒感染大流行的罪魁祸首。这种疫苗被证明是非常成功的，早期分析表明，人体接种 RNA 疫苗获得的免疫力甚至比自然感染获得的免疫力更强。但核酸疫苗其实并不算什么新主意，在整个 20 世纪 90 年代，都有人在研究 DNA 疫苗并用于动物系统，也有人正在研究基于 RNA 的方法来治疗癌症。

病毒的反击

病毒有多种方式来逃避或抵抗宿主的免疫应答。有些病毒只是单纯地隐藏起来，例如，RNA 病毒藏身于细胞内的复合物中，在那儿进行复制；双链 RNA 病毒不会完全脱壳，它们只将单链 RNA 暴露在宿主细胞中，而在病毒颗粒内完成复制过程。有些病毒会阻断宿主的蛋白质合成，或编码破坏宿主蛋白质的酶，从而抑制免疫反应的某些步骤。

病毒演化非常迅速，它们可以改变宿主免疫系统所针对的病毒蛋白，以减少或完全逃避免疫反应。这一策略对流感病毒尤其重要（详见第 248 页），这种病毒每个季节都会出现略有不同的新变异株。其他病毒，包括大多数鼻病毒，不会诱导 B 细胞的长期免疫记忆。目前还不清楚是什么机制影响了免疫记忆的长短，但许多病毒感染或疫苗接种可提供终身免疫力。

在植物中，病毒演化出不同的方式来逃避 RNA 沉默的靶定。一些病毒阻断细胞内 RNA 沉默所需的宿主酶，还有一些则阻止小 RNA 离开最初被感染的细胞。如果同时发生两种非近缘病毒的混合感染，阻断 RNA 沉默的能力将对二者的感染过程都产生影响，可能导致更严重的症状。

T 细胞疫苗

到目前为止讨论的所有疫苗都能在体内诱导强烈的 B 细胞应答，从而产生抗体。它们也可以诱导 T 细胞应答，但通常水平较低。近些年来，能够诱导强烈的 T 细胞应答的新型疫苗得到了更多的研究。预先被这类疫苗激发的 T 细胞一旦遇到病毒和被病毒感染的细胞，就会杀死它们。开发这类疫苗的原因之一是，面对某些病毒，尤其是登革热和寨卡病毒，抗体并不总是能消灭病毒，反而有助于病毒进入细胞。在针对寨卡病毒的研究中，T 细胞疫苗显示出良好的效果。

这一思路也被用于流感疫苗的开发，人们试图用新的方法寻找能够诱导更长免疫记忆的疫苗。当一个人感染流感后，获得的免疫力通常会持续长达 10 年，但目前的疫苗还无法实现这么长的免疫记忆。流感疫苗的问题部分源于它使用的病毒靶标非常有限，而且这些靶标每年都可能发生变化；在真正的病毒感染中，会针对病毒的多个不同部位产生抗体，而其中一些靶标并不会随着时间的推移发生显著变化。

植物疫苗（温和毒株和严重毒株）

目前对植物的免疫接种主要在实验室中进行，还没有成为在田间广泛使用的抗病毒措施。我们早就知道，如果植物先感染了一种病毒的温和毒株，那么它可能会对较严重的毒株免疫。事实上，这一特性也曾经被用来鉴定未知病毒是已知病毒的新毒株还是一种全新的病毒：先给植物接种一系列温和的分离毒株，然后用一种新的未知病毒进行测试；如果植物对这种未知病毒免疫，那么它就是一种已经感染过植物的病毒的变异株。我们还不能完全解释植物的这种免疫机制是如何运作的，但在某些情况下可能是通过 RNA 沉默途径实现的。

在新型冠状病毒感染大流行期间，首个基于mRNA的疫苗问世。由于它们是一种新事物，很多人仍担忧其安全性，但事实上，它们可能是有史以来最安全的疫苗。不幸的是，无论是疫苗接种还是自然感染，SARS-CoV-2都不会诱导免疫细胞产生很长的抗体记忆

给植物接种温和毒株的疫苗，可以使它们免受严重毒株的侵害。图中展示了黄瓜花叶病毒（CMV）温和毒株对烟草的免疫效果：先用温和的黄瓜花叶病毒接种烟草植株，然后再给它们接种严重毒株，已接种温和毒株的植株没有表现出任何明显的症状。A.未感染，B.接种CMV温和毒株后感染CMV严重毒株，C.CMV严重毒株感染，D.CMV温和毒株感染

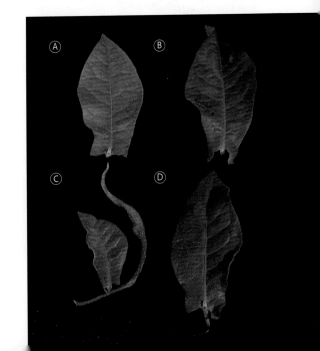

免疫与疾病

拥有免疫系统是生活在这个充满微生物的世界的核心条件。许多微生物（包括病毒）不会对其他生命构成威胁，甚至可能是有益的（见后续章节），但也有一些微生物是致病的，保护机体不被这类微生物感染至关重要。

然而，免疫系统是一把双刃剑，它也会导致宿主生病。事实上，许多由病毒引起的症状实际上是因免疫应答过度活跃而导致的。人类病毒感染中的常见症状——发热和炎症，就是先天免疫系统试图清除病毒而产生的。病毒特异性诱导的免疫防御因子——干扰素，也会导致炎症和肌肉疼痛。随着疾病的进展，机体会逐步谨慎地下调免疫应答水平，当病原体被清除后，症状就会消退。然而在某些情况下，免疫应答下调的过程被打乱，就会导致严重的疾病，在新型冠状病毒感染重症病例中经常出现的情况正是如此。

在植物中，病毒诱导产生的防御分子也会导致一些严重的问题。例如，许多不同

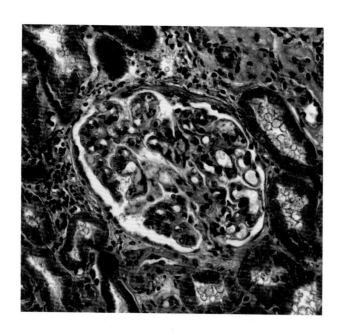

≪ 光学显微镜下发生肾小球肾炎的肾脏组织染色图片。肾小球肾炎是一种肾脏小血管的炎症，常因病毒感染（如乙型肝炎病毒）而诱发

↗ 当免疫系统攻击健康组织时，就会发生自身免疫性疾病。这幅艺术渲染图描绘的是受到抗体攻击的神经细胞

的植物病原体诱导的免疫应答都会产生活性
氧，而这些活性氧分子常常会破坏宿主的细
胞膜。植物防御反应产生的一些其他激素也
会破坏植物细胞。

基于抗体和 T 细胞产生的症状也是病毒
感染病程中的重要组成部分。在某些病毒的
感染中，高水平的病毒 – 抗体复合物可导致
肾脏疾病。用来杀死感染细胞的 T 细胞也可
能因杀伤力太强而导致组织损伤。

在利用 RNA 沉默执行适应性免疫应答
的植物和其他类似的生命体中，参与降解病
毒 RNA 的 siRNA 可能与源自植物自身基
因的 RNA 相似，因此也有可能破坏指导合
成植物蛋白的信使 RNA。研究表明，植物
病毒引起的一些症状，实际上正是由于植
物自身的基因被偶然靶定而导致的。抗病毒
siRNA 还可能干扰到细胞的自我调节，这也
是病毒感染植物时的另一个致病原因。

动物适应性免疫系统中包括一种被称为
免疫耐受的现象，即免疫系统可以识别属于
自身的蛋白质。这种能力非常重要，因为它
可以防止免疫系统攻击自己的身体。免疫耐
受在生命的早期开始形成，并在出生后不久
完全建立。这个系统一旦崩溃会导致自身免
疫性疾病，机体会产生抗体来攻击自身的蛋
白质。一些自身免疫性疾病与病毒感染相关，
但两者之间的联系尚未完全厘清。有时可能
是因为病原体带有一种看起来与宿主蛋白相
似的蛋白质，导致宿主的免疫系统在清除感
染后开始攻击自身。

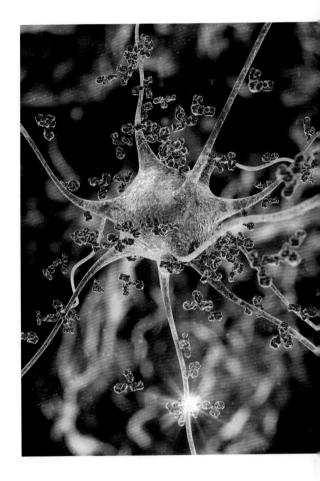

致病病毒与宿主之间的战斗有时可以看
作一场"军备竞赛"：一方首先做出调整，
另一方很快也会做出改变来应对。但病毒快
速变化的演化能力远远超过宿主，因此这是
一场不公平的竞争，最后常常以病毒的获胜
告终。然而获胜并不意味着要让宿主生病，
对病毒而言，只要能够完成自身的高效复制
就是胜利。尽管这种高效复制会导致宿主生
病，这对宿主来说非常不幸，但致病性并非
病毒演化过程中的决定性因素。

抗病毒药物

20 世纪早期抗生素的发现彻底改变了感染性疾病的病程，但抗生素对病毒无效。想用药物靶向病毒并非易事，因为它们在生命周期的各个方面都要利用宿主的代谢途径，所以针对病毒的药物通常对宿主也具有毒性。

核苷酸类似物是早期出现的一类抗病毒药物。它们看起来很像核苷酸，所以当病毒自我复制的时候，它们可以整合到病毒的基因组中，使其无法进一步复制。虽然核苷酸类似物对病毒有效，但它们会诱发宿主的基因突变。一般来说，宿主对突变的耐受性要比病毒强得多，因此，如果病情非常严重，那么冒着风险使用核苷酸类似物也是值得的。还有一些药物会针对病毒和宿主之间的相互作用发挥效力，例如病毒进入细胞的受体。这些药物通常也是有毒的，因为宿主细胞的受体本来就承担着重要的生理功能，而并非专门演化出来让病毒进入的，因此靶向细胞受体会对其正常的生理功能造成负面影响。

还有一些药物以病毒特有的酶为靶点。蛋白酶抑制剂阻止病毒将其蛋白质加工成功能单位，而逆转录酶抑制剂则靶向Ⅵ型病毒基因组的复制酶。宿主体内不存在这些酶，所以这些药物对宿主本身的毒性较轻。

细菌能通过快速演化对抗生素产生抗药性，而在病毒中这种情况发生得更快，因为它们的演化能力非常强大（见第 134 页）。虽然目前已经开发出一些抗流感药物，但大多数药物的应用价值有限，因为病毒很快就会演化出抗药性。想要解决这个问题，一个有效的策略是同时使用几种不同的药物联合治疗。例如人类免疫缺陷病毒（艾滋病毒，HIV）感染者，可以通过联合治疗控制病情，过上相对正常的生活；联合用药也是治疗丙型肝炎病毒感染的有效方案。也有一些实验性疗法尝试用植物和原生生物的小干扰RNA 系统来对抗人类病毒。

长期以来，免疫血清一直被用作抗狂犬病毒的主要治疗手段：人们在其他动物（比如羊和马）身上培养抗体，然后用来治疗被患有狂犬病的动物咬伤的人。但有了狂犬病疫苗之后，免疫血清的使用就少多了。在甲型肝炎疫苗问世之前，人类的免疫血清也曾被用于预防甲型肝炎病毒感染，尤其是在一些旅行者中。在新型冠状病毒感染的治疗中，也曾有过使用免疫血清成功治疗的案例。使用人类抗血清需要非常仔细的检查，以确保

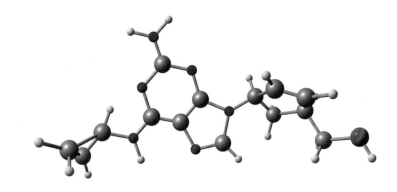

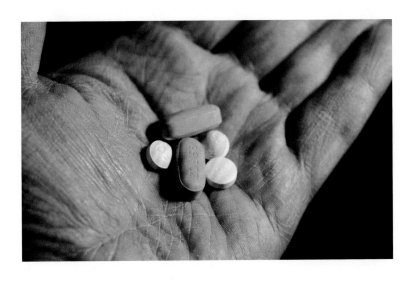

不会把其他病原体输入人体。而动物抗血清
的使用非常受限，因为任何一种特定动物的
血清在每个人的一生中都只能使用一次。一
旦人们接受了动物血清，他们的免疫系统就
会将其识别为外来物质，并对其产生免疫应
答。因此，如果再次使用来自同一种动物的
血清，它将在发挥作用之前就被人体的免疫
系统破坏。

　　免疫系统为抵御病毒提供了惊人的防御

ʌ　上图为抗艾滋病毒药物阿巴卡韦
的化学结构。这种药物通过模拟核苷
酸、抑制逆转录酶来对抗艾滋病毒。
大多数艾滋病毒感染者每天要同时服
用多种不同的抗病毒药物

能力，科学家们正在不断研究新的方法来协
助机体的免疫应答。可以肯定的是，未来会
有更多的病毒出现，它们也会继续寻找绕过
免疫应答的途径。病毒与宿主的战斗也仍将
无止无休。

Vaccinia virus

痘苗病毒

治愈天花的病毒

· ·

- Ⅰ类
- 痘病毒科　Poxviridae
- 正痘病毒属　Orthopoxvirus

· ·

基因组	线性、单分体、双链 DNA，包含约 190 000 个碱基对，编码约 260 种蛋白质
病毒颗粒	有包膜、砖状，长约 250 纳米，宽约 200 纳米
宿主	牛、马；在实验条件下能感染其他哺乳动物
相关疾病	牛痘、马痘
传播途径	伤口接触
疫苗	无

　　一种病毒被用作针对其他病毒的疫苗的案例并不多，但痘苗病毒就是其中之一，它是人类历史上研发出的第一种疫苗。事实上，英文中"vaccine"（疫苗）一词就来源于这种病毒的名称。

　　痘苗病毒可能起源于牛痘病毒，但它已在实验室环境中繁殖了几十年，因此其确切的起源难以查证。它与马痘病毒也极其相似，因此有可能马痘才是原始毒株，而不是牛痘。不过在 18 世纪晚期，爱德华·詹纳确实是选择用牛痘来给他家园丁的九岁儿子接种，以预防天花。实验成功了，疫苗也由此诞生。

　　最近，一种痘苗病毒的近缘病毒——猴痘病毒，在人群中的传播引起了广泛关注。猴痘通常不会危及生命，而且已经有了一种很好的疫苗。此外，由于猴痘病毒与痘苗病毒相似，接种天花疫苗可能同样具有一定的保护效力。在天花接种的早期，人们没有可靠的办法来储存痘苗病毒，因此接种的方式常常是直接在人与人之间传播。最初接种的方法是将牛痘感染

者皮肤上脓疱的组织液涂抹到接种者手臂皮肤的伤口上。一旦接种者身上出现新的脓疱，又可以用来把病毒接种给下一个人，如此反复。当然，这个过程有时也会无意中传播其他病原体。但好在经过多年的发展后，目前疫苗的安全性已经取得了长足的进步。由于现在国际公认天花已经被完全消灭了，因此人们不再常规接种天花疫苗。

　　痘苗病毒被认为是一种巨型病毒，因为它大到可以通过光学显微镜观察（大多数病毒只有通过电子显微镜才能看到）。与其他大 DNA 病毒相比，痘苗病毒和痘病毒科的其他成员显得与众不同，因为它们在宿主细胞的细胞质内进行复制，而不是细胞核内。这意味着病毒必须自己编码在复制过程中所需的全部蛋白质，

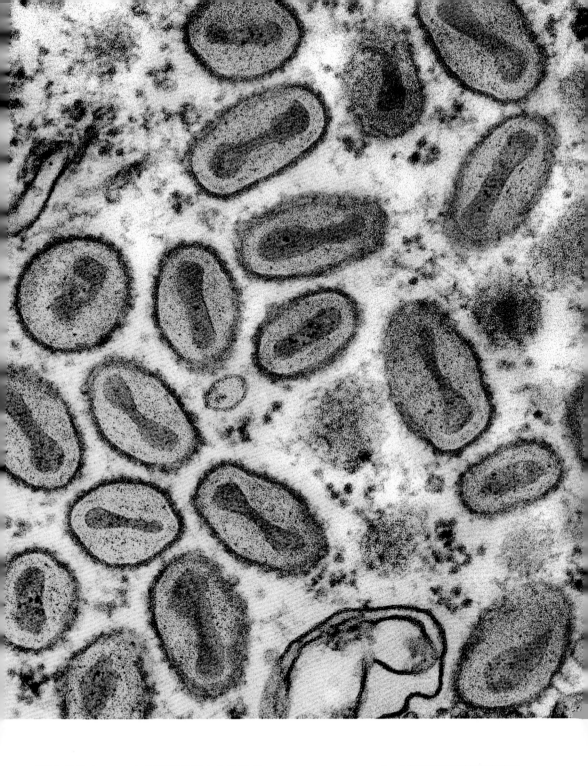

而不像其他大 DNA 病毒那样利用宿主的酶来
完成这一过程。

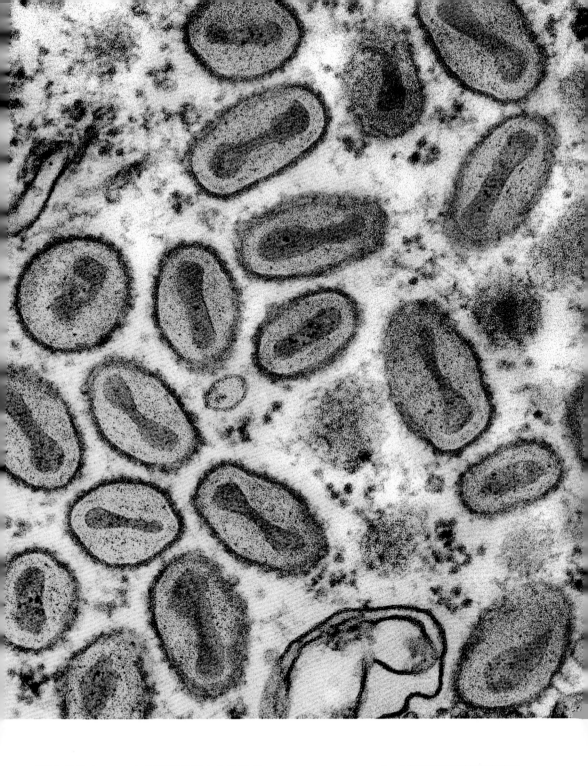

︿　牛痘病毒的彩色透射电子显微镜
图像

RSV   Human orthopneumovirus

人类正肺病毒

已学会逃避免疫应答的病毒

- V 类
- 肺病毒科　Pneumoviridae
- 正肺病毒属　Orthopneumovirus

基因组	线性、单分体、单链RNA，包含约 11 000 个核苷酸，编码 10 种蛋白质
病毒颗粒	有包膜，球形，直径约 150 纳米
宿主	人类，近缘病毒可以感染其他哺乳动物
相关疾病	支气管炎、感冒、肺炎
传播途径	空气传播
疫苗	无

　　人类正肺病毒通常更广为人知的名称是其旧称——呼吸道合胞病毒（respiratory syncytial virus，RSV）。它是婴幼儿病毒性呼吸道疾病最常见的病因，常导致支气管炎，但它其实可以感染所有年龄段的人。

　　在成年人中，呼吸道合胞病毒感染通常只引发普通感冒，但在老年人中可能会导致肺炎。目前还没有针对该病毒的疫苗，但有一种基于单克隆抗体的药物可以用于重症患者的治疗。单克隆抗体是在实验室中用小鼠或人的细胞培养制备的抗体，可以模拟人体为应对病毒感染而产生的抗体。

　　呼吸道合胞病毒存在于感染者释放的飞沫中，其他人可能会直接吸入；或因接触被飞沫污染的表面而导致病毒附着在手上，然后在用手摸脸时通过鼻子或眼睛进入人体。因此，最重要的预防措施是良好的洗手习惯和佩戴口罩。

　　这种病毒可以非常巧妙地避开先天免疫应答的检测。RNA 病毒会产生一些宿主细胞不会产生的特有的 RNA 类型，这是触发针对 RNA 病毒的先天免疫应答的首要因素。呼吸道合胞病毒和许多其他呼吸道 RNA 病毒一样，通过诱导细胞制造被膜包绕的结构将其特有的 RNA 隐藏在细胞内，并在这里进行病毒复制。此外，病毒还会破坏宿主的 mRNA，使其无法正常合成一些先天免疫应答所需的蛋白质。

　　婴幼儿往往更依赖先天免疫应答来对抗病毒感染，因为他们的适应性免疫应答还没有成熟，不足以识别他们从未接触过的病毒。呼吸道病毒（如 RSV）逃避先天免疫应答的能力可能是婴幼儿容易罹患呼吸道感染的原因之一。

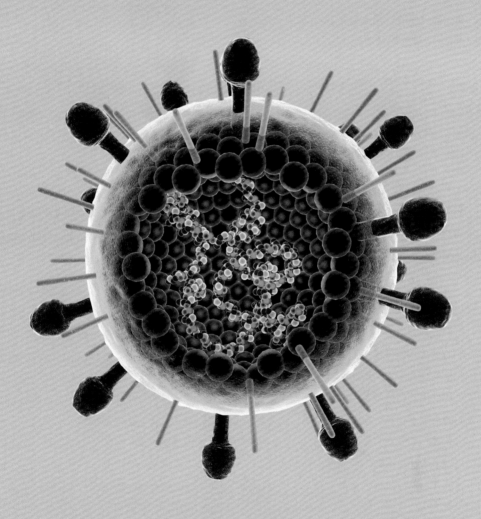

病毒结构的艺术渲染图，展示了其内部和外部结构。内部的黄色和红色代表RNA基因组

TEV　Tobacco etch virus

烟草蚀纹病毒

让人类发现 RNA 沉默机制的病毒

- IV 类
- 马铃薯 Y 病毒科　Potyviridae
- 马铃薯 Y 病毒属　Potyvirus

基因组	线性、单分体、单链 RNA，包含约 9500 个核苷酸，编码 11 种蛋白质
病毒颗粒	长丝构成的杆状，长约 730 纳米
宿主	茄科植物和其他多年生草本植物
相关疾病	叶片蚀刻，矮缩，斑驳，叶脉裸露
传播途径	蚜虫、菟丝子

　　烟草蚀纹病毒（TEV）于 1921 年在曼陀罗（_Datura stramonium_）植株中首次被描述。人们最初认为是发病植株的某种遗传异常导致了相关症状，然而后来发现这种病症可以通过嫁接传播给其他植株。几年后，人们在烟草中发现了这种病毒。

　　1980 年，人类进行了首次植物基因工程实验，将病毒基因的一部分转入植物体内，以观察它们是否可以像疫苗一样发挥抗病毒作用，正如此前发现的现象，温和的毒株可以保护植物免受更严重的感染。第一个用这种方式进行研究的病毒是烟草花叶病毒，但很快，许多其他病毒也被用于这种实验。到了 20 世纪 90 年代初，人们培育出对烟草蚀纹病毒免疫的植物。为了了解这种免疫的作用机理，科学家们通过基因工程改造出一种植物，它只能制造烟草蚀纹病毒的 RNA，而不会合成病毒的蛋白质。结果证明这种植物对烟草蚀纹病毒完全免疫，这项实验让人们发现了 RNA 沉默机制。后来，人们又在许多其他生物中发现了这种适应性免疫现象，包括线虫、昆虫和真菌。

　　在其他基础研究中，烟草蚀纹病毒也是一种实用的工具。与马铃薯 Y 病毒科的所有病毒一样，它的大部分蛋白质首先以一种大的多聚蛋白的形式被合成，然后由病毒编码的蛋白酶切割成功能蛋白。外源蛋白的基因可以插入病毒基因组，表达为病毒多聚蛋白的一部分，然后再被病毒蛋白酶特异性地切割出来。这提供了一种在植物体内测试蛋白质功能的方法：科学家利用病毒载体在植物体内表达目标蛋白，检测其功能是否如同预期，以便后续进行更复杂的操作来培育转基因植物。

　　》　计算机生成的亲缘关系相近且结构相似的马铃薯 Y 病毒剖面模型，展示了部分螺旋衣壳结构和病毒基因组（橙色）

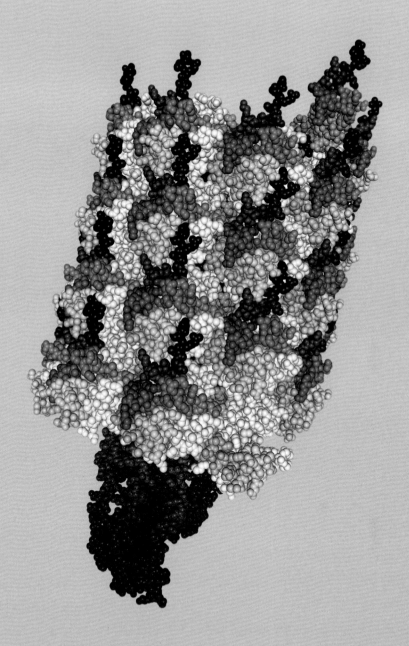

Dengue virus

登革热病毒

疫苗开发面临的挑战

- IV类
- 黄病毒科　Flaviviridae
- 黄病毒属　Flavivirus

基因组	线性、单分体、单链 RNA，包含约 11 000 个核苷酸，编码 10 种蛋白质
病毒颗粒	有包膜，球形，直径约 50 纳米
宿主	人类和其他灵长类动物，以及蚊子
相关疾病	登革热，登革出血热
传播途径	蚊子
疫苗	暂无获批的疫苗

　　18 世纪后期，亚洲、非洲和美洲的几个地方同时首次报道了登革热（最初被称为断骨热）。尽管许多感染者只有轻微症状或没有症状，但正如其最初的名称所暗示的那样，这种疾病可能会带来巨大的痛苦。感染者通常可以完全康复。

　　自第二次世界大战以来，世界范围内感染登革热病毒的人数不断增加。这可能是因为越来越多的人从农村移居到城市，而在城市环境中，有许多旧轮胎、花盆等能够积存雨水，而这些水体成为了登革热病毒传播媒介——埃及伊蚊繁殖的温床。登革热病毒目前有四种毒株，它们最初可能起源于农村地区，在这些地区蚊子会叮咬野生灵长类宿主和人类。

　　在登革热病毒感染者中，大约 1% 的病例会发展成更严重的病症，即登革出血热，病死率约 25%。有证据表明，当一个人第二次感染不同的毒株时就会诱发登革出血热。目前认为其原因是，首次感染后产生的抗体能够与第二次感染的新毒株产生交叉反应，但这些抗体并

非针对新毒株的，因此无法消除病毒的活性，反而有助于病毒进入宿主细胞。这种机制也使得我们几乎不可能开发出针对该病毒的安全疫苗。然而，它也同样促使我们去研究制备疫苗的新方法，即诱导细胞免疫应答的疫苗，而不是诱导 B 细胞应答（体液免疫）的常规疫苗。细胞免疫涉及 T 细胞的参与，它会迅速杀死被病毒感染的细胞。一种针对与登革热病毒亲缘关系密切的寨卡病毒的 DNA 疫苗能够仅诱导 T 细胞应答，已被证实在小鼠模型中非常有效，但尚未进入人体试验阶段。

　　埃及伊蚊是登革热和其他严重病毒性疾病（如寨卡热、基孔肯雅热和黄热病）的媒介，目前仅分布在热带和亚热带气候区。然而，随

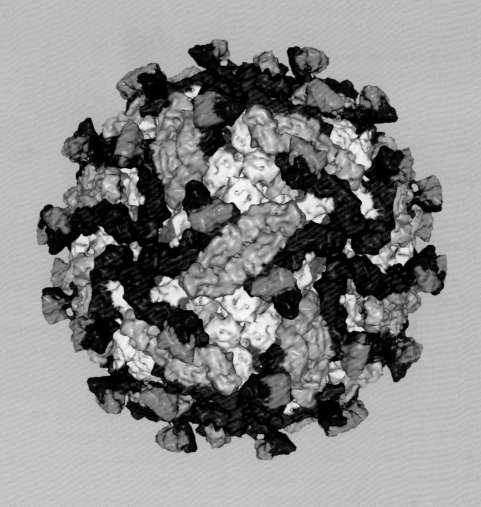

计算机根据晶体学和冷冻电子显微镜
的数据绘制生成的登革热病毒模型

着全球气候变暖，这种蚊子的分布范围正在扩大，在以前未曾发现登革热的世界其他地区，例如美国南部，也出现了登革热病例的报告。

Escherichia virus T7

埃希菌噬菌体 T7

病毒对宿主免疫系统的反击

- I 类
- 自转录短尾噬菌体科　Autographiviridae
- T7 样噬菌体属　Teseptimavirus

基因组	线性、单分体、双链 DNA，包含约 40 000 个碱基对，编码约 55 种蛋白质
病毒颗粒	直径 60 纳米的二十面体头部，带一条可收缩的短尾
宿主	大肠杆菌及其近缘细菌
相关疾病	细胞溶解和死亡
传播途径	扩散

　　埃希菌噬菌体 T7 通常被称为 T7 噬菌体，已被用作许多噬菌体生物学和分子生物学研究的模式系统。人们认为正是它促使法国微生物学家费利克斯·德雷勒（Félix d'Herelle，1873—1949）在 20 世纪 20 年代发现了"吃细菌"的病毒，也就是噬菌体。德国科学家马克斯·德尔布吕克（Max Delbrück，1906—1981）在探索病毒的复制机制时也深入研究了 T7 噬菌体，而这项工作让他获得了 1969 年的诺贝尔奖。

　　T7 噬菌体的基因组序列在 1983 年被测定，是首批测定的完整基因组之一。在大肠杆菌的标准培养温度（37 摄氏度）下培养时，T7 噬菌体的生命周期很快，从感染细胞到使其溶解仅需 17 分钟；但当培养温度降低到 30 摄氏度时，这个过程可以延长到 30 分钟。这种病毒很容易大量纯化，这也是它在病毒基础研究中大受欢迎的原因之一。

　　细菌采取多种策略来抵御病毒，其中许多属于先天免疫范畴。有一种策略被称为限制修饰系统（R-M），会在病毒进入细胞时用酶将其基因组切成碎片。限制性内切酶和修饰酶

是分子生物学研究中最重要且最基本的工具之一，因为它们能在特定的核苷酸序列位点切割DNA，几乎所有的 DNA 重组和克隆实验都会用到。宿主细菌可以在自己的基因组中添加甲基，以防止其被限制修饰系统降解。而 T7 噬菌体在感染初期会产生一种蛋白质，这种蛋白质会隔离限制性内切酶和修饰酶，以防止它们切割自己的基因组。

　　➤　计算机利用冷冻电子显微镜数据生成的T7噬菌体模型，展示了噬菌体用来附着在细菌细胞上的"起落架"

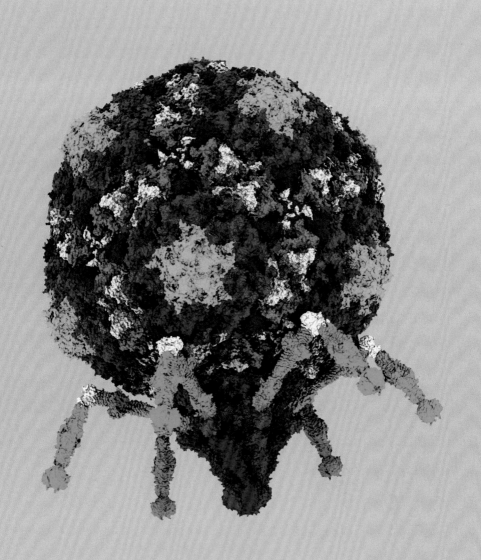

VIRUSES IN
ECOSYSTEM BALANCE

病毒与生态系统平衡

海洋中的病毒

在 20 世纪 80 年代末，科学家们将一毫升过滤后的海水加入一个长有大肠杆菌实验菌株的培养皿中，从而估算出了海洋中病毒的数量。以细菌为宿主的病毒往往会杀死其宿主，因此当病毒感染培养皿中的大肠杆菌时，就会在菌落上留下一个小洞（噬斑），说明那里的细菌已经被杀死。每个噬斑就代表了一个具感染性的病毒。通过这种方法，研究人员计算出，在一毫升海水中，大约有 100 万个可以感染大肠杆菌的病毒。

但这个方法估算的结果没有包含不感染大肠杆菌，或虽然能感染但不会杀死宿主的病毒。后来人们又利用电子显微镜或荧光成像技术（详见第 32 页）进行了估算，这些方法可以显示海水样本中存在的所有病毒，无论其宿主是什么。这些方法估算出的海洋病毒数值为每毫升海水 1000 万个。这些病毒在做什么？它们感染哪些生物？这些都是非常复杂的问题，我们当然还未能掌握所有的答案，但我们已经知道了许多海洋病毒的

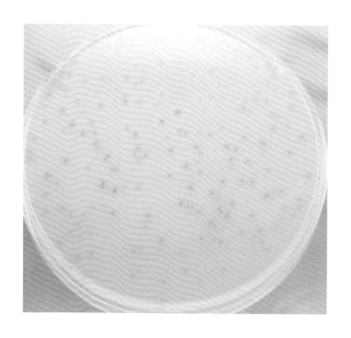

<< 噬斑测定是针对能感染细菌的病毒的一种分析方法。首先过滤待分析的样品以去除里面的细菌，然后将其添加到细菌群落中。当病毒感染一个细菌细胞时，它会将这个细胞杀死，并扩散到附近的细胞，导致附近的细菌也被杀死，于是在细菌的菌落上留下一个小洞，或者说噬斑，每个噬斑就代表了单个病毒

碳平衡

全球碳循环极度依赖海洋。海洋释放的大部分碳来自病毒每天分解的大量海洋微生物。

常规数字代表总碳储量，单位为亿吨
粗体数字代表每年碳通量，单位为亿吨

基因组序列，也知道它们中的大多数都会感染微生物。了解这些细节有赖于复杂的计算机分析和比较，这是生物信息学这一重要领域的一部分。

　　微生物是海洋生物量的主要贡献者，其中大多数是细菌。然而，就绝对数量而言，病毒至少是其他微生物的十倍。病毒通过一种被称为"裂解"的过程破坏微生物的细胞，每天杀死约 20% ~ 40% 的海洋微生物。这对海洋的氧和氮循环，以及将营养物质留存在海洋生物营养层中至关重要。如果一种微生物在没有被裂解的情况下死亡，它将沉入

海底，细胞中包含的营养物质将会流失。然而，如果它被病毒裂解，就会变成溶解性有机物，留在生物营养层中，供其他生命形式利用。此外，病毒还会在微生物之间转移基因；据估计，全世界的海洋中每天发生的基因转移事件多达 10^{29} 起。

病毒也会影响海洋微生物的生物化学过程。例如，海洋光合蓝细菌的代谢，一定程度上受到感染它们的病毒的调控。病毒携带一些酶的基因，这些酶可以影响宿主的碳循环、光合作用和营养循环。有时，这种调控有利于病毒的生存，例如，病毒可以关闭细菌的新陈代谢，以诱导其进入饥饿状态，从而触发病毒复制所需的核苷酸合成过程。

病毒维持海洋健康

在海洋的生物营养分配中，如果没有病毒来释放大部分营养物质，这些营养物质大多会下沉到海底深处，从可利用的营养物质池中消失。

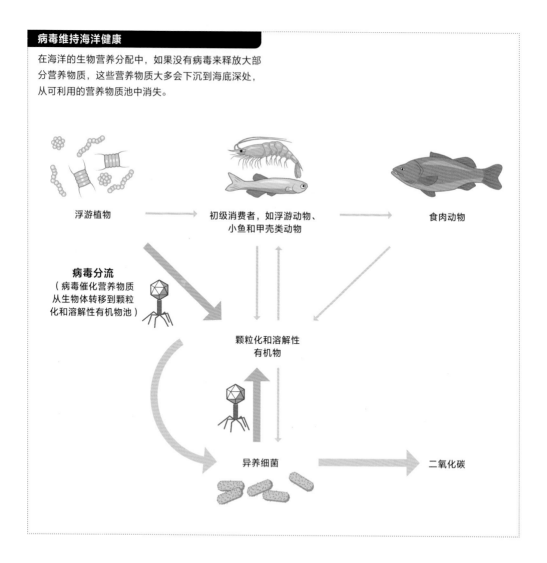

病毒、昆虫和植物

大约 4.8 亿年前，植物和昆虫共同出现在陆地上，可能从那时起它们就已经开始相互作用，迄今已持续了数亿年。植物的病毒主要依靠昆虫传播（见第 113—115 页），它们之间的关系正是一个体现生态和演化的复杂性的绝佳案例。

病毒不仅可以操纵植物产生吸引昆虫的挥发性化合物，还可以精确地调控这一过程。在某些情况下，如果蚜虫已经携带了植物病毒，那么与未受感染的蚜虫相比，它对感染病毒的植株的兴趣就会下降。也就是说病毒可以同时操纵植物和昆虫，以促进自身的整体传播。另一个例子是，取食受感染植株的蚜虫比取食未感染植株的蚜虫更容易长出翅膀，从而有助于将病毒传播到其他植株。

蓟马是一类非常小的昆虫，可以被一些植物病毒感染并帮助其传播。蓟马会对植物造成很大的损害，同时诱导植株产生抑制昆虫取食的拒食化合物，因此其幼虫无法在这些受损的植株上继续繁衍生息，除非这些幼虫也受到了病毒的感染。如果用经实验途径感染病毒的植物喂养这些幼虫，那么幼虫的生长甚至会更好，因为这些植物没有受过蓟马的损害，也就没有产生拒食化合物。雄性

蓟马更喜欢取食感染病毒的植株，而很少吃未受感染的植株，雌性蓟马取食则不受病毒的影响，但雄性更有可能传播病毒。

这种植物–昆虫–病毒的相互作用有时也会影响到其他病毒。例如，如果一株植物被一种以上的病毒感染，即使只有一种病毒会导致植物产生吸引昆虫的挥发性化合物，但所有病毒都会因此获益。

›› 甜椒花上的蓟马。除了破坏植物，蓟马还可以传播会同时感染植物和昆虫的植物病毒

植物和真菌的病毒

　　真菌先于植物从海洋登上陆地，而且植物似乎需要与真菌建立些许关系才能在陆地上定居。如今，几乎所有的野生植物上都有真菌生长，它们对植物生存起着许多重要的作用，包括提高植物对养分的吸收，以及对干旱、盐和高温的耐受性（详见第236页）。对于生长在森林中的植物，真菌还充当着它们之间的通信网络。由于真菌还可以导致人工栽培的植物患病，种植农作物时常常会去除真菌，所以植物和真菌之间的关系直到近些年才得到充分认知。

许多病毒科既感染植物又感染真菌。随着越来越多的病毒基因组序列分析的完成，这其中的关系也逐渐清晰。尽管动物也会与真菌相互作用，而且从演化的角度而言真菌更接近动物而非植物（详见第 27 页插图），但很少有某个科的病毒同时感染动物和真菌。农作物和真菌之间的关系已经得到了非常充分的研究，研究人员发现一些真菌可以穿过植物细胞生长并与其交换小分子。这些相互作用为病毒的传播提供了大量机会，尽管有关这一过程的详细记录还很欠缺。我们对植物和真菌之间如何分享一些共同的病毒的了解，大部分来自对病毒的核苷酸序列的比对，但是至少已经发现了一个例子，有一种植物病毒可以直接感染真菌，并通过受感染的真菌转移到其他植物中。

在同时感染植物和真菌的病毒科中，有一个有趣的科叫裸露 RNA 病毒科（Narnaviridae）。其中一些病毒感染线粒体，线粒体是所有真核生物共有的细胞器，来源于古菌。这些病毒的聚合酶（复制病毒基因组的酶）与细菌病毒的聚合酶高度相似，这并不奇怪，因为线粒体许多方面就像是一个细菌。这个科中还有一种植物病毒也具有这种类型的聚合酶，但它的其余基因来自另一个感染植物的病毒科。

<< 金针菇（*Flammulina velutipes*）有金色和白色两种类型，出现这种的差异的原因在于金色的受到了病毒感染

病毒参与种群调控

自19世纪中期以来，对森林昆虫种群的生态学研究方兴未艾。研究人员很早就注意到，这些种群会以数年为周期有规律地波动。然而，直到一个世纪后，人们才发现病毒在这些周期性波动中的作用。

在很多情况下，当昆虫种群数量太大、密度太高时，病毒感染可以杀死很大比例的种群成员。然后昆虫的数量又慢慢增长，直到一个临界密度，循环再次启动。这类循环

❥ 印度谷螟（*Plodia interpunctella*）是谷物加工业中的主要害虫，通常以玉米粉为食。其幼虫能够咬穿许多容器，并且很难防控

发生在许多不同种类的昆虫和病毒中，但杆状病毒科成员最常参与。

有时候，这种昆虫与病毒之间的关系很复杂。例如，即使没有感染病毒，印度谷螟的种群也会周期性地繁荣和衰退，但是在受感染的种群里这个周期更长。在这种情况下，种群数量的崩溃是由食物资源的压力造成的。随着种群数量增长，食物变得更加短缺，最终种群成员会大量死于饥饿。而感染病毒的昆虫体型较小，对食物的需求也较低，因此这些种群需要更长的时间才会耗尽食物。

有时其他生物也参与昆虫种群波动的调控。舞毒蛾（*Lymantria dispar*）的种群数量主要由以它们为食的老鼠控制。这些老鼠在冬天主要吃橡子，而当橡子产量低时，老鼠的数量就会下降，那么到了下一个繁殖季，舞毒蛾的数量就会激增——直到病毒感染使其数量下降（详见第214页）。

一些海蛞蝓也有周期性的种群模式。绿叶海蛞蝓（*Elysia chlorotica*）是一种神奇的动物，它进食藻类后会吸收藻类的叶绿体，使

病毒通过两种不同的方式传播

杆状病毒可以通过环境污染在个体之间进行水平传播，也可以从父母垂直传播给后代。如果幼虫吞食了含有病毒的包涵体，但在死亡之前成功化蛹，则可发生垂直传播。在幼虫时期受到亚致死感染的成虫可能因病毒附着于卵的表面或进入卵内部而将病毒传播给后代。这可能造成活动性感染导致后代死亡；也可能发生隐性感染，将病毒传给存活的后代。这些交替的循环使病毒得以在昆虫种群中代代维持，直至昆虫数量变得不可持续的时刻到来。

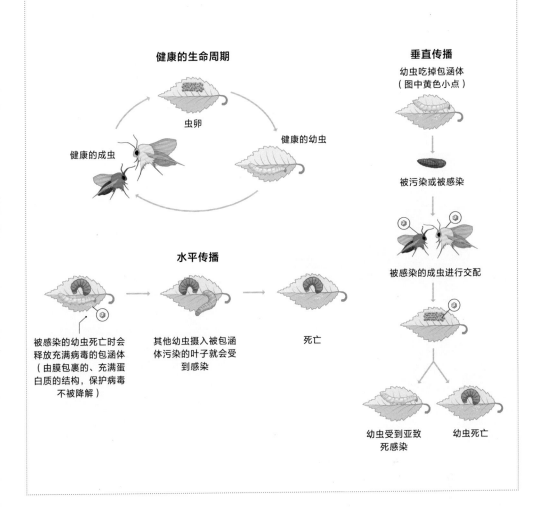

自身变绿并可以进行光合作用。绿叶海蛞蝓的成年种群每年都会大规模死亡，与此同时，感染它们的逆转录病毒的浓度也大幅上升。虽然还不清楚这种病毒是否是导致海蛞蝓死亡的原因，但这种可能性是存在的。

海洋浮游植物赫氏球石藻（*Emiliania huxleyi*）能够形成大规模藻华，其范围之大甚至从卫星图上都可以看到。这种藻类从大气中吸收碳，用来构建它们的碳酸钙外壳，这是海洋和大气中碳水平大幅波动的主要原因。这些庞大的种群会因感染藻类 DNA 病毒科（Phycodnaviridae）的一种病毒而烟消云散。不过，这种藻类还可以以另一种形态生存，这种形态不产生碳酸钙外壳，也不容易受到病毒感染。会形成碳酸钙外壳的形态是二倍体（它的基因组有两个副本），而不

形成外壳并且对病毒有抗性的是单倍体（基因组只有一个副本）。当两个单倍体细胞融合时，就变成了二倍体。二倍体细胞会不断无性繁殖，直到种群越来越庞大，到达某个临界点后被病毒杀死，只留下单倍体细胞。赫氏球石藻种群的周期具有季节性，当夏季水面温度升高时，二倍体的数量就会增长。

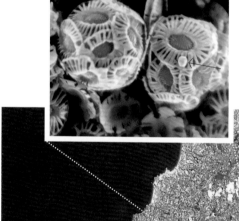

<< ⌄ 海洋浮游植物赫氏球石藻形成的藻华从卫星图上都能看到，下面这幅英格兰西南海岸的卫星图中就能看到海面上乳白色的藻华。这种藻类具有由碳酸钙构成的坚硬外壳，可以反射光线

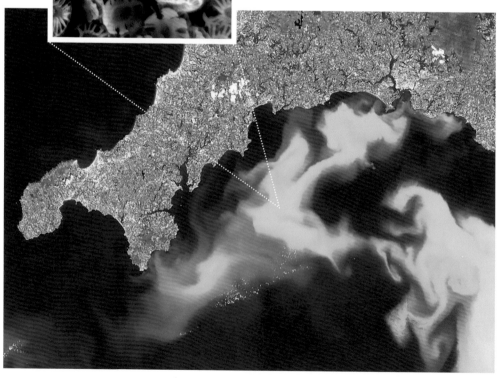

病毒感染对宿主行为的影响

许多病毒会影响其宿主的行为，这些行为通常与促进病毒的传播有关。博尔纳病毒就是一个例子，它感染一些啮齿动物后会令其攻击性增强，而病毒会通过相应的啃咬行为传播。

狂犬病毒也会增强许多宿主物种的攻击性，并引起一种被称为恐水症的症状，即变得害怕水。如果宿主不喝水，唾液中的病毒浓度就会提升。猴免疫缺陷病毒（艾滋病毒就是从这种病毒演化而来的）会感染许多野生灵长类动物，也会导致这些动物攻击性增强。

病毒影响宿主行为最有趣的例子发生在昆虫中。人类病原体登革热病毒和拉克罗斯脑炎病毒通过蚊子传播，这些病毒会提高蚊子的摄食速率，并且这些受感染的蚊子会更喜欢吸食新宿主的血液，促进病毒向新的人类宿主的传播。

病毒操纵昆虫行为的例子还有很多。例如感染了虹彩病毒（这种病毒会让蟋蟀变成蓝色）的蟋蟀交配次数会增加。再比如寄生蜂，它们在昆虫体内产卵，卵在宿主体内发育，孵化出来的幼虫会吃掉宿主的内脏并最终杀死宿主，但这是一个缓慢的过程。通常这些寄生蜂可以判断它们的昆虫宿主是否已经被另一只蜂寄生，并避免在已被寄生的昆虫体内产卵，因为第二枚卵存活的概率非常低。然而，当寄生蜂感染了病毒时，它会优先在已经被寄生的昆虫体内产卵。虽然第二枚卵不会发育，但寄生蜂这种行为会将病毒传播给其他幼虫。

> ⋎ 虹彩病毒是唯一一类具有天然色彩的病毒。这种色彩不是来自色素，而是源于病毒颗粒对光的反射。感染了虹彩病毒的昆虫可以显示出病毒的颜色，比如图中蓝色的潮虫，或者叫鼠妇。在蟋蟀中，感染虹彩病毒会促进其交配行为

宿主生态变化对病毒表现的影响

脊髓灰质炎病毒已感染人类数千年，可导致严重的神经系统疾病——脊髓灰质炎，又叫小儿麻痹症。然而，这种疾病本来极为罕见，可到了 20 世纪，它成为一种流行病，导致患者瘫痪、畸形，并经常造成死亡，尤其是在儿童中。这期间是什么改变了呢？答案是，人变了。

脊髓灰质炎病毒是一种水传播病毒，通过粪口途径传播。在 20 世纪之前，饮用水中充满了这种病毒，几乎所有人都会在断奶前后的婴儿时期、来自母体的抗体逐渐失效的时候感染上这种病毒。在婴儿身上，小儿麻痹症的症状非常轻微，但这种感染可提供终身免疫力。在 20 世纪早期，人们认识到受污染的水是霍乱的一个来源，于是开始努力清洁水源。最初采用的是过滤的方式，但在第一次世界大战之后，大多数饮用水都进行氯化消毒。这杀灭了水体中的脊髓灰质炎病毒，婴儿也不再感染脊髓灰质炎。然而，污水系统的现代化改造要到 20 世纪六七十年代才开始，所以当时的环境中仍然存在大量的脊髓灰质炎病毒。因此，年龄稍大的儿童和成人经常在游泳时接触环境中的脊髓灰质炎病毒，而当已不再是婴儿的人们被病毒感染时，更容易罹患可怕的麻痹性脊髓灰质炎。

➤➤ 在20世纪中期脊髓灰质炎暴发期间，"铁肺"被用作帮助患者呼吸。这种疾病会导致身体很多部位麻痹，当它影响到膈肌时，患者会因为无法呼吸而死亡。"铁肺"是一种负压呼吸机，挽救了许多人的生命，病人通常必须在这台机器里呆上至少两周

➤➤ 2006年，印度班加罗尔一位10岁的小儿麻痹症患者。印度最后一例小儿麻痹症病例是在2011年报告的，自那以后该国已经消灭了这种疾病

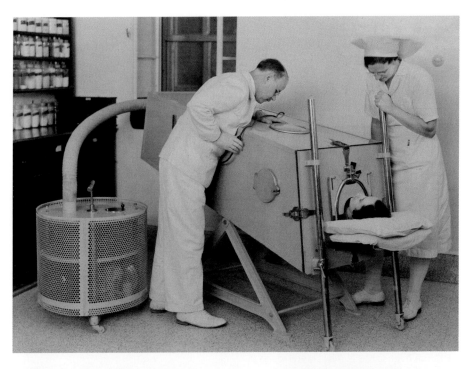

人类生态的其他变化也对黄热病、登革热和基孔肯雅热等病毒性疾病产生了影响。黄热病随着人口流动在世界各地传播，登革热和基孔肯雅热最近几十年也因人口从农村地区迁移到城市中心而不断扩散。森林砍伐和人口增长加剧了这些问题，气候变化也产生了影响，特别是对那些以昆虫为媒介的病毒，因为昆虫的分布范围会随着气候变暖而扩张。

人类还在无意中把植物和家畜的病毒带到了世界各地。随着植物被带到新的地方种植，许多植物病毒流行开来，本土植物的病毒也会侵入外来作物。

一种植物病毒在全世界传播

番茄原产于南美洲，但现在世界各地都有种植。番茄在被引入中东的时候感染了当地的一种病毒，这种病毒会导致番茄叶片变黄且卷曲，这是一种严重的疾病。随后，这种病毒跟着番茄在世界各地传播，感染了许多地方的番茄植株。

病毒起源地
作物起源地
远距离感染

北美洲　欧洲　亚洲

南美洲　非洲　大洋洲

病毒与入侵物种

随着人类在世界各地迁徙，他们有意或无意地带来了某些植物、动物和微生物。当这些外来者抢占本地物种占据的生态位时，它们就会变成入侵物种，而病毒可以在这个过程中推波助澜。例如，在美国加利福尼亚州的草原上，入侵的野燕麦（*Avena fatua*）吸引了大量携带病毒的蚜虫。这种病毒对本土的丛生禾草危害最大，因此也有助于外来燕麦的成功入侵。

当欧洲人抵达美洲时，也带来了他们的疾病，其中包括几种决定了原住民未来命运的病毒。其中最具毁灭性的可能是天花病毒，它杀死了以前从未接触过这种病毒因而对其没有抵抗力的所有人。即便是症状通常较轻的病毒，包括流感病毒、麻疹病毒和鼻病毒（普通感冒病毒），对美洲原住民来说往往也是致命的，因为他们对这些病毒缺乏免疫力（详见第 228 页）。

人类也曾尝试用病毒来对抗入侵物种。其中一个例子是 20 世纪 50 年代澳大利亚对穴兔（*Oryctolagus cuniculus*）的控制行动。在最初的 1859 年，仅 24 只穴兔被放生到野外，但由于当地没有它们的天敌，这些兔子疯狂繁殖，到 20 世纪中期，澳大利亚的穴兔种群数量估计已经达到了 6 亿只。研究人员发现，黏液瘤病毒会感染巴西棉尾兔（*Sylvilagus brasiliensis*）却很少诱发疾病，但它感染穴兔后会诱发兔黏液瘤病并导致宿主死亡。1950 年，人们将这种病毒引入澳大利亚，仅仅过了两年，这里的穴兔数量就减少到了约 1 亿只。然而，这一灭兔行动并没有完全成功，因为病毒导致的穴兔死亡狂潮就此平息。事实证明，这种病毒已经适应了新的宿主，通过演化降低了自己的毒性。

❯ 20世纪50年代，澳大利亚腹地一处水源附近的兔子

Enterovirus C

肠道病毒 C

随着人类清洁饮用水而改变病程的病毒

- IV 类
- 小 RNA 病毒科　Picornaviridae
- 肠道病毒属　Enterovirus

基因组	单分体、单链 RNA，包含约 7500 个核苷酸，编码 11 种蛋白质
病毒颗粒	无包膜，二十面体，直径约 30 纳米
宿主	人类
相关疾病	脊髓灰质炎
传播途径	水传播
疫苗	减毒活疫苗或三种血清型混合的热灭活疫苗

肠道病毒 C，又称脊髓灰质炎病毒，因多种原因而臭名昭著，但大多数人对它的了解是因为 20 世纪在全球传播的严重疾病——脊髓灰质炎或小儿麻痹症。

今天，由于疫苗的接种，脊髓灰质炎病毒已接近被消灭，但全世界每年仍有数百例新发的脊髓灰质炎病例。这主要是因为减毒活疫苗有极小的概率会恢复毒性（详见第 173 页）。最近在纽约、耶路撒冷和伦敦的下水道中都发现了"疫苗逃逸"的病毒，说明该病毒出现了一定程度的流传，纽约甚至还出现了一例瘫痪病例。减毒活疫苗很容易接种，因为它以方糖的形式给药，而热灭活疫苗需要通过注射的方式。在中东那些饱受战争蹂躏的地区，近年来也发现了一些原始毒株，即野生脊髓灰质炎病毒所导致的病例。此外，新型冠状病毒感染大流行打乱了一些常规疫苗接种活动，导致中非大部分地区、巴勒斯坦和乌克兰都面临脊髓灰质炎病毒的严重威胁。目前在整个非洲，这种病毒仍然处于"尚未根除"的状态。

人们在至少一具埃及木乃伊身上发现了脊髓灰质炎的证据，说明这种病毒已经在人类身上生存了很长一段时间。然而，它引发的疾病在饮用水经氯化消毒之前是非常罕见的。

肠道病毒 C 是第一个被感染性克隆的人类病毒，即克隆出来的病毒具有活性，可以感染细胞。2002 年，根据已知的核苷酸序列，科学家在实验室中人工合成了肠道病毒 C 的整个基因组。合成的基因组可以感染细胞，因此，可以说这是首个人工创造的生命。现在人们已经克隆出许多病毒，感染性克隆也成为研究病毒与宿主相互作用机制的非常有效的工具。

用肠道病毒 C 开展的实验表明，用于对抗细菌的抗生素也可以对病毒感染产生影响。

冷冻电子显微镜生成的肠道病毒C的
结构

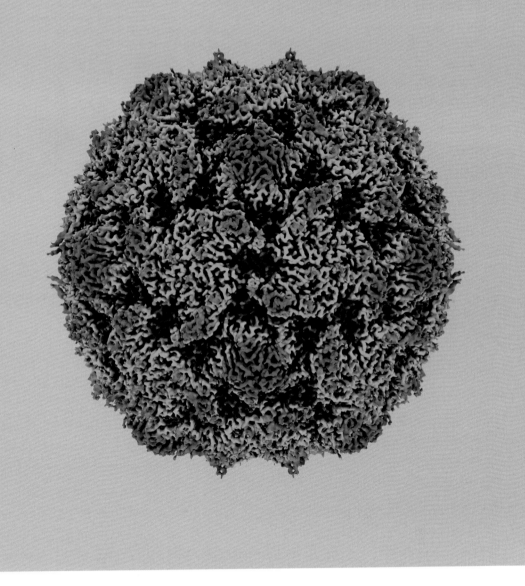

一般来说，抗生素对病毒感染无效，事实上它们甚至会助长一些病毒性疾病，比如流感。不过，被肠道吸收的病毒可以利用肠道细菌来增强其感染性，因此消灭这些细菌可以减少病毒感染，但这种做法通常对整体健康有害。

TYLCCNV Tomato yellow leaf curl China virus

中国番茄黄化曲叶病毒

助力入侵昆虫的病毒

- II 类
- 双生病毒科　Geminiviridae
- 菜豆金色花叶病毒属　Begomovirus

基因组	环状、单分体、单链 DNA，包含约 2700 个核苷酸，编码 6 种蛋白质
病毒颗粒	无包膜，双二十面体，约 22 纳米 × 38 纳米
宿主	番茄（*Solanum lycopersicum*）、烟草（烟草属植物）
相关疾病	叶片黄化、卷曲
传播途径	粉虱

　　中国番茄黄化曲叶病毒（TYLCCNV）是 13 种可能起源于同一种病毒的病毒之一。原始病毒最早在中东地区发现，然后扩散到世界各地，在当地迅速分化形成新种，并以新种分离时所在的国家命名。

　　许多植物病毒不耐热，因此在一些通过扦插繁殖而不是经种子培育的植物中，对生长尖端进行热处理是一种清除病毒的古老方式。在中东，培育番茄种苗的正常温度经常高达 40 摄氏度。然而，番茄黄化曲叶病毒在这种高温下反而能够更好地复制，同时也赋予其番茄宿主更好的耐热性。

　　双生病毒科中的大多数病毒由烟粉虱（*Bemisia tabaci*）传播。这些昆虫遍布全球，在许多地方成为入侵物种。它们附着在植物的叶片背面取食，在温室环境下种群能够快速增长，因此在温室中尤其普遍。它们本身不会对植物造成严重危害，但人们发现它们可以传播大约 60 种不同的植物病毒，因此对农业构成巨大的威胁。

　　在中国，中国番茄黄化曲叶病毒的传播媒介包括两种不同生物型（生物型指同一个物种中具有相同基因型的亚群）的粉虱——本土型和入侵型。入侵型粉虱在感染病毒的植株上存活时间更长，繁殖的后代更多，而本土型粉虱不受病毒影响。这使得入侵型粉虱取代了本土型粉虱，增强了病毒的传播。因此，该病毒是入侵型粉虱的间接互利共生者。

>> 冷冻电子显微镜解析的胜红蓟黄脉病毒的结构，胜红蓟黄脉病毒是一种与中国番茄黄化曲叶病毒亲缘关系密切的病毒

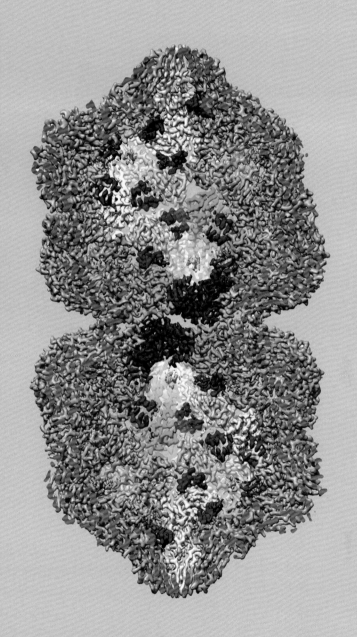

CMV Cucumber mosaic virus
黄瓜花叶病毒
既能感染植物又能感染真菌的病毒

- IV类
- 雀麦花叶病毒科　Bromoviridae
- 黄瓜花叶病毒属　Cucumovirus

基因组	线性、三分体、单链 RNA，包含约 8500 个核苷酸，编码 5 种蛋白质
病毒颗粒	无包膜，二十面体，直径约 28 纳米
宿主	超过 1200 种植物
相关疾病	花叶病、黄化、矮缩、叶片扭曲
传播途径	蚜虫

　　黄瓜花叶病毒（CMV）最初是在受感染的黄瓜上发现的，它会导致黄瓜叶片出现花叶症状，并导致果实坏死。自那以后，人们已经在 1200 种植物中发现这种病毒——比其他任何已知病毒的宿主都要多，而且可能还有更多的宿主尚未被发现。有趣的是，现在农业栽培的几乎所有黄瓜品种都能抵抗这种病毒。

　　黄瓜花叶病毒是目前研究最多的植物 RNA 病毒之一。它的基因组分成三个部分，分别封装在不同的颗粒中，这种分离的基因组让它成为遗传学研究的优秀病毒模型。它也是最早被感染性克隆的植物病毒之一，可以人工制造出具有感染性的病毒，这也使它成为研究实验性演化的优秀模型。

　　最近有关黄瓜花叶病毒最引人关注的发现之一，是这种病毒也能感染真菌。科学家在一种会导致马铃薯块茎腐烂的真菌病原体中发现了黄瓜花叶病毒，而且毒株与在植物中发现的毒株几乎完全相同。在实验室中，研究人员发现从真菌体内提取的黄瓜花叶病毒也可以感染植物，并引起典型的症状。另一株最初从瓜类植物中分离出的病毒也能感染真菌，而且能在亲缘关系相近的真菌之间传播。当研究人员将受感染的真菌组织定殖到植物上时，病毒便能传播到植物上；反向实验也同样有效：当未感染的真菌定殖到被病毒感染的植物上时，病毒也会转移到真菌上。其他几种真菌也可通过实验途径感染黄瓜花叶病毒。

　　虽然有多种病毒可以同时感染昆虫和植物，但其他跨界感染的病毒很少。这对判断病毒的起源具有重要意义。如果同一种病毒可以感染不同生物界，研究人员就很难确定其原始宿主是什么；但像黄瓜花叶病毒这样的病毒可能最初起源于一种真菌病毒，跨越到植物中后成为一种流行的植物病毒。

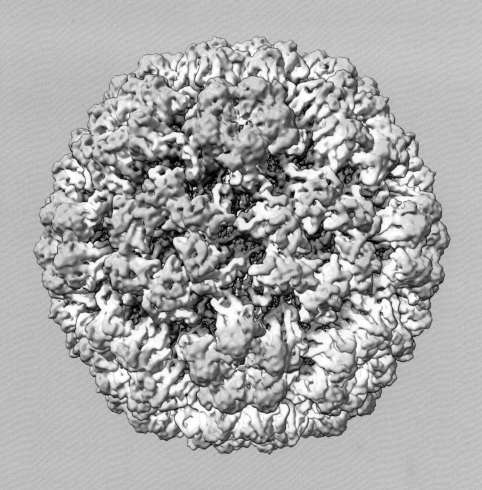

基于冷冻电子显微镜数据生成的黄瓜
花叶病毒的结构

聚球藻病毒 Syn5

`SVSyn5` Synechococcus virus Syn5

对海洋中的营养物质流动至关重要的病毒

- I 类
- 自转录短尾噬菌体科　Autographiviridae
- 富特噬菌体属　Voetvirus

基因组	线性、单分体、双链 DNA，包含约 46 000 个碱基对，编码 61 种蛋白质
病毒颗粒	无包膜，二十面体，有短尾和尾部纤维
宿主	聚球藻属物种（*Synechococcus* spp.）
相关疾病	细胞裂解
传播途径	水传播

　　蓝藻是生活在海洋中的光合细菌，包括聚球藻属（*Synechococcus*）和原绿球藻属（*Prochlorococcus*）。海洋中发生的大部分光合作用来自蓝藻，它们是氧气的主要生产者。

　　海洋蓝藻的数量由病毒控制，如聚球藻病毒 Syn5（SVSyn5），它会感染并杀死这些微生物。如果蓝藻不是因病毒感染而死，它们死亡时就会带着所有的营养物质沉入海底。而当病毒裂解细菌时（详见第 193 页），其内容物仍保留在海洋的上层，可供其他生物利用，生生不息。

　　有数十亿种不同的病毒会感染海洋蓝藻，它们都参与这种每天都在进行的大规模循环。没有它们，海洋就会变成一片坟场，地球上的所有生命也会消亡。虽然这些病毒可以视为细菌的病原体，但它们也可以为细菌提供新陈代谢所需的重要基因，这些基因被称为辅助代谢基因。在细菌遇到极端环境，比如深海热液喷口时，这些基因尤为重要。虽然科学研究不断在海洋中发现越来越多的病毒，但我们仍然对哪些病毒感染哪些宿主知之甚少。病毒学家正在开发更好的工具来揭开这些谜团，但要厘清病毒和蓝藻之间所有的关系还需要时间。

➤➤　聚球藻病毒Syn5的结构模型

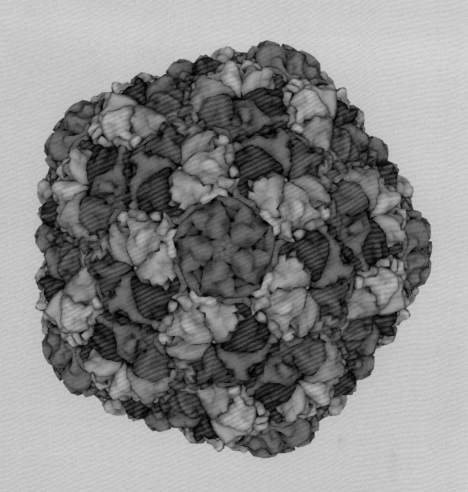

LdMNPV Lymantria dispar multiple nucleopolyhedrosis virus

舞毒蛾多核型多角体病毒

在种群调控中发挥重要作用的昆虫病毒

- Ⅰ 类
- 杆状病毒科　Baculoviridae
- 甲型杆状病毒属　Alphabaculovirus

基因组	环状、双链 DNA，包含约 16.7 万个碱基对，编码约 165 种蛋白质
病毒颗粒	有包膜，核心呈火箭状
宿主	舞毒蛾（*Lymantria dispar*）
相关疾病	树顶病
传播途径	摄食

　　早在 19 世纪中期，欧洲就报道了舞毒蛾种群的周期性兴衰，但其种群波动的原因尚不清楚。19 世纪 60 年代，舞毒蛾被引入美国，它对美国东北部的森林造成了很大的破坏，并蔓延到美国南部和西部。

　　舞毒蛾多核型多角体病毒（LdMNPV）是舞毒蛾的天敌，通过感染舞毒蛾幼虫，控制舞毒蛾种群的周期性兴衰。当这种病毒引发非致死性感染时，它可在昆虫种群中垂直传播（详见第 108 页），这种情况通常出现在种群数量较低的时候。但是，当昆虫种群达到很高的密度时，病毒更容易水平传播，在这种情况下，病毒感染就变成了致命疾病。

　　这种病毒还会通过两种方式改变舞毒蛾的行为。首先，它推迟了舞毒蛾的蜕皮时间，所以幼虫会花更多的时间在茂密的树冠上觅食。第二，它使得幼虫不再在白天躲起来，而是不停地觅食并爬向树顶。幼虫的蜕皮延迟和持续进食为病毒包涵体的形成提供了更多的原料，而包涵体正是具有感染力的病毒形态。当树顶上的受感染的舞毒蛾死亡时，它们充满病毒的身体会液化，数以百万计的包涵体像雨点一样穿过树冠落到森林地面上，然后被新孵化的幼虫摄入，开始新的循环。

　　舞毒蛾多核型多角体病毒已经被开发成一种商业产品，即 Gypchek，美国农业部用它来控制舞毒蛾的数量。这种生物防治效果很好，因为这种病毒对舞毒蛾非常专一，不会感染任何其他昆虫（尽管杆状病毒科的其他近缘病毒会感染其他昆虫）。

>> 舞毒蛾多核型多角体病毒的艺术渲染图，展示了病毒颗粒内核的剖视图

THE GOOD VIRUSES
有益的病毒

共生和共生起源

　　病毒真的会对我们有好处吗？事实上，虽然关于病毒的新闻报道通常都在讲那些有害的病毒，但大多数病毒不会在宿主中诱发任何疾病，还有些病毒是明确有益的，甚至是宿主生存所必需的。上一章我们探讨了病毒在保持地球生态系统平衡方面的必要性，本章将介绍病毒使宿主受益的一些更直接的方式。

　　共生（symbiosis）一词创造于 19 世纪，用于描述地衣——真菌和细菌或藻类生活在一起形成的混合有机体。人们常把它与互利共生（mutualism）相混淆，但两者是不同的。共生体是不同实体紧密结合在一起共同生活的复合有机体，这种共生关系可能对双方都有利（互利关系），但也可以是中立的或对抗的，比如病原体。所有病毒都是共生体，大多数可能是中性的，一些是与宿主互利的，还有一些是病原体。共生起源（symbiogenesis）是指共生体融合成一种新的有机体，比如原核细胞与细菌融合后，细菌成为细胞的线粒体，就诞生了真核细胞。病毒也可以参与共生起源，有许多病毒基因与宿主基因组融合

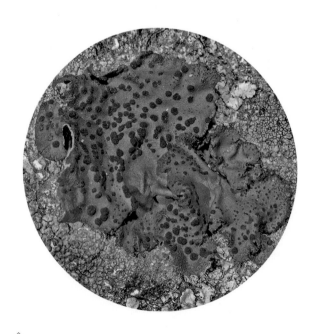

<< 地衣是第一种被描述为共生体的生物体，它是真菌和细菌或藻类生长在一起的共生体。例如图中的砂石耳（*Umbilicaria phaea*），一项寻找病毒的研究用它作为材料，并且真的从中发现了几种与植物和细菌病毒相关的新病毒

哺乳动物的胎盘

大多数哺乳动物在妊娠期间会通过多个母体细胞的融合而发育出胎盘。这种结构就叫合体滋养层，它为发育中的胎儿提供营养，同时也是防止大多数感染性病原体传播的屏障。细胞融合的关键蛋白是合胞素，它由内源性逆转录病毒编码。胎盘上的绒毛结构则大大扩展了细胞表面积，以便母体和胎儿组织之间进行物质交换。

胎盘哺乳动物的族谱

所有的胎盘哺乳动物体内都有一种编码合胞素的内源性逆转录病毒，但并不是所有的成员都拥有同一种逆转录病毒。如图所示，编码合胞素的病毒有 4 个明确的不同谱系（用不同底色的框标示），这表明胎盘哺乳动物可能演化了不止一次，或者某些谱系中祖传的内源性逆转录病毒后来被其他病毒取代了。

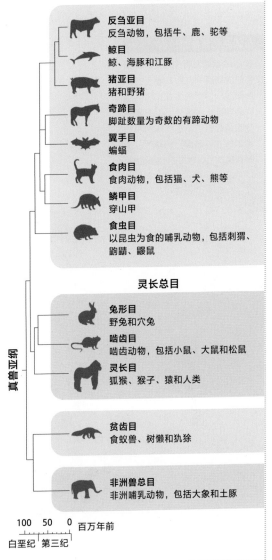

劳亚兽总目

反刍亚目
反刍动物，包括牛、鹿、驼等

鲸目
鲸、海豚和江豚

猪亚目
猪和野猪

奇蹄目
脚趾数量为奇数的有蹄动物

翼手目
蝙蝠

食肉目
食肉动物，包括猫、犬、熊等

鳞甲目
穿山甲

食虫目
以昆虫为食的哺乳动物，包括刺猬、鼩鼱、鼹鼠

灵长总目

兔形目
野兔和穴兔

啮齿目
啮齿动物，包括小鼠、大鼠和松鼠

灵长目
狐猴、猴子、猿和人类

贫齿目
食蚁兽、树懒和犰狳

非洲兽总目
非洲哺乳动物，包括大象和土豚

真兽亚纲

100　50　0　百万年前

白垩纪｜第三纪

胎儿血管

母体胎盘绒毛

母体血管

胎儿血管

细胞滋养层

合体滋养层

母体红细胞

母体血管

的例子。单是最容易识别的病毒基因组——逆转录病毒序列，就占了人类基因组的 8%，是编码蛋白质的基因序列的 5 倍。

人内源性逆转录病毒 K（详见第 52 页）是人类基因组中的一种内共生病毒，也是形成胎盘所必需的病毒。其他内源性逆转录病毒对宿主来说也是必不可少的：有时它携带编码关键蛋白质的基因，有时则会影响病毒基因组中附近的其他基因。例如，淀粉酶是消化淀粉所必需的酶，主要由胰腺分泌到肠道中，但人类的唾液中也含有淀粉酶，这得归功于一种内源性逆转录病毒，它让淀粉酶

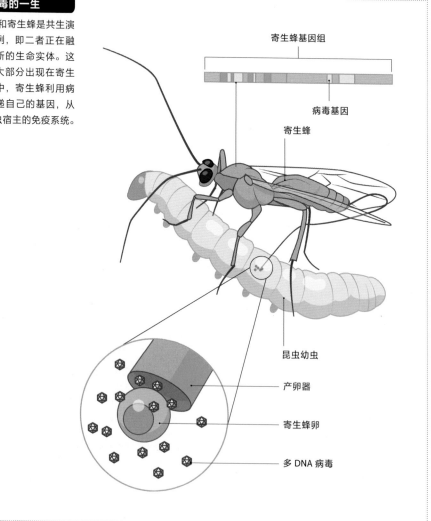

基因共生病毒的一生

多 DNA 病毒和寄生蜂是共生演化的生动实例，即二者正在融合形成一个新的生命实体。这些病毒基因大部分出现在寄生蜂的基因组中，寄生蜂利用病毒封装并传递自己的基因，从而抑制其毛虫宿主的免疫系统。

寄生蜂基因组

病毒基因

寄生蜂

昆虫幼虫

产卵器

寄生蜂卵

多 DNA 病毒

➤➤ 被茧蜂寄生的天蛾毛虫，身体上挂满了茧蜂化蛹而结的茧

基因得以在唾液腺中表达。在某些情况下，内源性逆转录病毒可保护宿主免受其他近缘病毒的侵害，在哺乳动物、植物、昆虫和真菌中都有这样的例子。

在宿主基因组中发现如此多的逆转录病毒并不奇怪，因为这些病毒必须整合到宿主基因组中才能完成其生命周期（详见第80—81页）。然而宿主基因组中并非只有逆转录病毒序列，其实所有类别的病毒序列都可以在宿主基因组中找到。大多数情况下，我们并不知道它们如何进入基因组，也不知道它们是否活跃，但在少数情况下，它们会保护

宿主免受近缘病毒的侵害。

一种感染寄生蜂的病毒正在发生共生演化，大多数病毒蛋白的基因，如衣壳蛋白和复制蛋白，已经转移到寄生蜂的基因组中。这种寄生蜂利用毛虫来养育后代，它借助病毒颗粒来传递自身基因，当寄生蜂在毛虫体内产卵时，这些基因会随着病毒颗粒进入毛虫体内，并抑制毛虫的免疫系统。如果不能抑制毛虫的免疫系统，蜂卵就会被毛虫的身体排斥，因而无法发育。自然界中存在成千上万这样的互利共生病毒，已经伴随着它们的寄生蜂宿主度过了漫长的时间。

影响人类及其他动物健康的病毒

在20世纪80年代，被诊断为人类免疫缺陷病毒（HIV）感染的人无异于被判处了死刑，因为它会对免疫系统造成灾难性的打击，导致获得性免疫缺陷综合征（AIDS），即艾滋病。然而，有些人感染了这种病毒，却永远不会发展成艾滋病。有些情况下，这可能是因为他们同时感染了持续性G病毒C型（旧称庚型肝炎病毒）。这种病毒不会在人类身上引发任何疾病，但可以延缓艾滋病的发病。

其他人类病毒也可以抑制各种病毒引起的疾病，例如巨细胞病毒，这是一种疱疹病毒，可以抑制艾滋病毒和流感病毒的感染。在用作研究人类疾病的模型的老鼠体内，也存在一些病毒可以抑制病毒性疾病。例如，一种与人类病毒亲缘关系很近的小鼠疱疹病毒可以抑制引起腺鼠疫的细菌（鼠疫杆菌，或称鼠疫耶尔森菌），腺鼠疫就是可怕的黑死病，在中世纪曾造成大量人口死亡。

≪ 这幅来自瑞士《吐根堡圣经》（1411年）的微缩画作描绘了欧洲中世纪遭受腺鼠疫（俗称黑死病）折磨的患者。小鼠通过感染疱疹病毒而免受腺鼠疫的侵袭，而现代人类很可能也受到类似病毒的保护

↗ 美国切萨皮克湾水域含有大量霍乱弧菌，但这种细菌不会引起霍乱，因为这些细菌体内没有产生毒素的病毒

人类的病毒组中包括大量由生活在肠道中的微生物带来的病毒。在许多动物中，来自正常微生物群的噬菌体会聚集在身体的黏膜入口处，抑制细菌在黏膜上的附着，有效防止病原菌的感染。

噬菌体是许多细菌重要的互利共生物种。这些噬菌体非但对细菌的人类宿主没有好处，反而会帮助细菌宿主入侵人体。由于疫苗接种的普及，白喉现在已经很少见，但它曾经是一种令人恐惧的疾病，特别是在人口密集的社区。白喉患者的病情有轻有重，其严重程度取决于一种毒素的产生，这种毒素让细菌得以侵入宿主的呼吸道组织。然而，实际上编码这种毒素的并不是细菌本身，而是一种与之互利共生的噬菌体。霍乱也类似（详见第 240 页）。霍乱弧菌必须受到两种共生病毒的感染才能产生毒素，从而侵入人

体肠道组织。噬菌体还编码许多其他的毒素，例如，污染食物的大肠杆菌原本只是生活在人类肠道中的正常细菌，当它们被携带志贺菌毒素基因的噬菌体感染后，就成了可怕的致病菌。

虽然现在微生物群对维持人体肠道正常功能的重要性已经广为人知，但过去大多数人曾认为所有的细菌都对人体有害。多样性是肠道微生物群的重要特征，在婴儿的肠道发育过程中，噬菌体会杀死最优势的菌种，让其他细菌得以繁殖生长，从而建立起多样性。虽然肠道细菌对消化和代谢的许多方面都至关重要，但一项在小鼠身上进行的实验发现，一种诺如病毒（与常在游轮上引起胃肠炎暴发的诺如病毒为近缘病毒）可以取代细菌的角色，参与建立正常的肠道活动。

帮助宿主应对环境胁迫

两种不同生物之间只有在特定情况下才对彼此有益，这种关系被称为条件性互利共生。许多不同的植物病毒在正常情况下可能是病原体，但受其感染的植物在遭遇干旱时能够比未受感染的植物生存得更久。

病毒还可以保护植物免受寒冷的威胁，使它们能够在轻度霜冻中生存下来，否则植物会在霜冻中死去。在美国怀俄明州的黄石国家公园，一种黍类禾草生长在地热土壤中，经常遭受 55 摄氏度的高温。这种植物之所

⌄ 温泉莲座黍（*Dichanthelium lanuginosum*）生长在美国怀俄明州黄石国家公园的地热土壤中。然而，只有被一种感染了病毒的真菌定殖后，它才能耐受这么高的土壤温度。这种真菌也出现在黄石公园非地热土壤的其他植物中，但那些地方的真菌没有受到病毒感染

植物 – 病毒共生系统中的条件性互利共生

感染病毒（与病毒共生）的植物在正常情况下可能出现病症；然而在面临干旱胁迫时，感染病毒的植株比未受感染（非共生）的植株生存得更好。

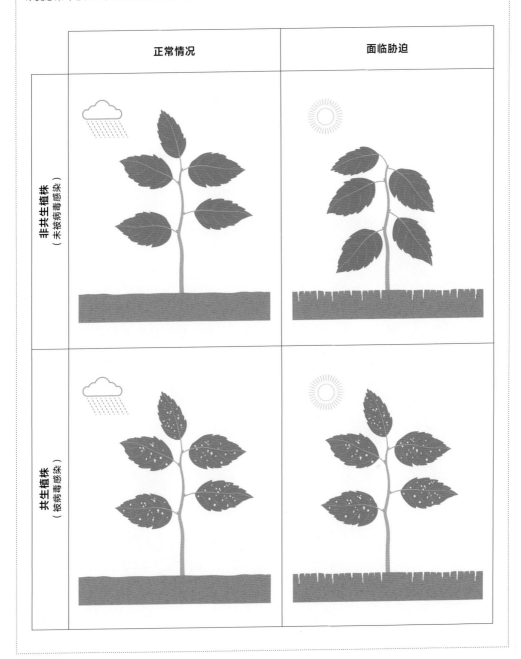

以能够耐受高温，正是因为它被一种感染了病毒的真菌定殖（详见第 236 页）。

　　蚜虫是一种以植物为食的小型昆虫，它们以两种方式损害植物：一是吸食植物汁液，抢夺本应为植物提供营养的糖分；二是携带病毒和其他微生物，传播植物疾病。辣椒会感染一种只能垂直传播的持久性病毒（详见第 234 页）。携带病毒的植株不像未感染植株那样吸引蚜虫，取食它们的蚜虫繁殖效率也比不上取食未感染植株的蚜虫。这种病毒

不会在辣椒上引起任何疾病，所以这是一种纯粹的互利关系。

　　车前圆尾蚜（Dysaphis plantaginea）会感染一种让昆虫长出翅膀的病毒。感染病毒的有翅蚜虫比未感染的蚜虫个头小，繁殖能力也不强，所以通常意义上来说，这种病毒是病原体。然而，当同一棵植株上的蚜虫群体过于庞大时，长翅膀就有了好处，因为翅膀能够让蚜虫更容易地移动到新的植株上。当有翅蚜虫降落在新的植株上时，它会将一些

<< 包含有翅型和无翅型个体的车前圆尾蚜种群。秋天，当蚜虫群体准备从苹果树转移到车前草上过冬时，有翅（感染病毒）蚜虫的数量会变得更多

∧ 与一种噬菌体互利共生的豌豆蚜

病毒注入植物组织中。这种病毒不会在植物体内复制，也不会传给蚜虫的后代，但当这棵植株上的蚜虫数量越来越多时，新的蚜虫若虫从植物组织中染上病毒的可能性就会增加。而感染病毒会让这些若虫长出翅膀，这样它们就可以去寻找新的食物来源，循环再次启动。

蚜虫与病毒也可以形成更复杂的互利关系。豌豆蚜（*Acythosiphon pisum*）携带一种能产生毒素的肠道细菌。这种毒素可以杀死寄生蜂的幼虫，保护蚜虫不被寄生蜂产下的卵所害。然而，实际上制造毒素的并不是这种细菌，而是感染它的噬菌体。

自然界细菌战中的病毒

细菌病毒通常会整合到宿主的基因组中，携带这些整合病毒的细菌对同种或近缘病毒的感染具有免疫力。这些病毒有时会从基因组逸出，感染新的宿主、自我复制并杀死新宿主，比如当细菌遇到环境中的竞争对手时。在种群中的大多数细菌体内，病毒保持整合状态，但少数细菌会将病毒基因从基因组中释放出来，并复制数百个副本，用于感染并杀死竞争对手。这让宿主得以侵占新的领地。古菌也使用类似的策略来摆脱竞争对手。

酵母菌同样会受到充当杀手的病毒的影响，但这些病毒不会直接感染竞争的酵母菌，而是制造出一种致命的毒素来杀死对手。感染病毒的酵

母菌对毒素免疫，但未感染的酵母菌很快就会中毒身亡，把环境中所有的营养物质留给受感染的酵母菌享用（详见第 242 页）。

病毒也参与人类种群向新环境的扩张。当欧洲人殖民其他大洲，例如大洋洲和美洲时，将他们过去感染的病毒也一同带去。那些新大陆的原住民对这些病毒完全易感，因为他们以前从未接触过这些病毒，对它们毫无免疫力。事实证明，普通感冒病毒、麻疹病毒、流感病毒和其他病毒对当地原住民是致命的。据估计，在西班牙人登陆美洲的十年内，90% 的美洲原住民死于战争和疾病。

❯ 欧洲人到来后，大量美洲原住民死于天花

充当杀手的细菌病毒

杀手噬菌体帮助它们的细菌宿主侵占新的领地。细菌可能携带着病毒基因，这些基因就藏身于细菌宿主的基因组中。如果细菌的地盘被其他细菌入侵，一小部分细菌会将病毒从基因组中释放出来，杀死入侵者。菌落中原有的细菌大部分会存活下来，但入侵者会被杀死。

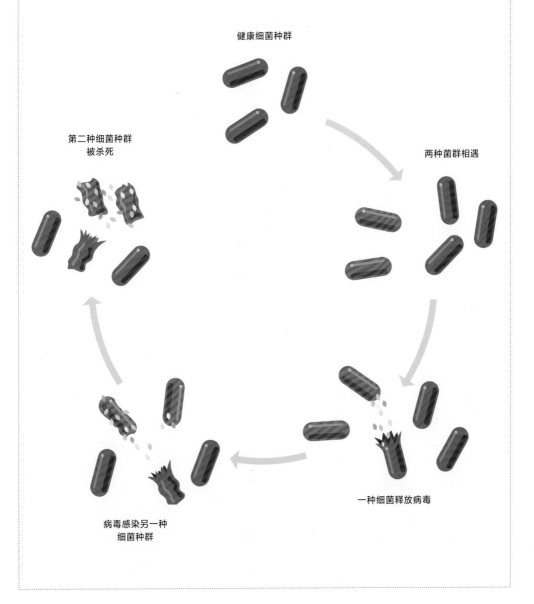

健康细菌种群

两种菌群相遇

第二种细菌种群被杀死

一种细菌释放病毒

病毒感染另一种细菌种群

利用病毒控制病原体

美国东部曾经覆盖着以美国栗（Castanea dentata）为优势种的大片森林。这些高大庄严的树木不仅美丽多姿，而且是重要的建材树种。栗木非常耐用，当地 19 世纪末建造的大多数房屋都用到了栗木。

病毒与栗树

1904 年前后，人们在美国纽约动物园内的一棵美国栗树中，发现了一种从亚洲的栗树上偶然输入的真菌病原体——栗疫病菌（Cryphonectria parasitica）。随后几年之内，巨大的美国栗森林开始消亡；到 1950 年，致命的栗疫病已经摧毁了大部分栗树林。这种疾病在 20 世纪 30 年代传入欧洲，但到了 20 世纪 60 年代，有报道称意大利的欧洲栗（Castanea sativa）正在从这种疾病中恢复。恢复中的树

<< 栗疫病菌杀死了美国东部的大片栗树林。这张拍摄于1930年美国佐治亚州查特胡奇国家森林公园的照片显示了被栗疫病摧毁的枯林

↑ 1915年，美国田纳西州一棵茁壮的美国栗树，拍摄于栗疫病来袭之前

木仍然受到真菌的感染，但不会被杀死。这其中有什么不同？研究人员后来发现，欧洲的栗疫病菌感染了一种病毒。这种病毒可以传染给实验室培养的与受感染真菌亲缘关系密切的未感染真菌，而通过实验途径感染病毒的真菌不会杀死树木。人们将这种感染了病毒的真菌释放到欧洲的森林中，如今栗疫病在欧洲大陆基本上得到了控制。

话题回到美国，科学家用这种病毒和真菌进行了许多实验，希望恢复美国的栗树林，但到目前为止，他们还没有成功。他们能够一次拯救一棵树：从受感染的树中分离出真菌，在实验室中培养并接种病毒，然后将受病毒感染的真菌送回树上，病毒在这棵树上的真菌之间传播，这棵树就得救了。但问题在于，不像欧洲所有的栗疫病菌都很相似，美国的栗树林中有很多不同的菌株，病毒无法在这些不同的菌株之间传播。人们寄希望于基因工程改造出更容易传播的毒株，它也许能帮助恢复美国的栗树林，但还没有在森林中得到广泛应用。由于亚洲的栗树对栗疫病具有抵抗力，植物学家也在开展育种计划，想要让美国栗获得这种抗病毒的能力，但树木世代更迭时间很长，因此育种计划进展得非常缓慢。

噬菌体

20 世纪早期，两位研究细菌的科学家分别独立发现，他们的培养物有时会在培养皿中的细菌菌落上形成"孔洞"（见第 192 页）。如果从洞中提取液体，并将其添加到其他菌落中，也会在其他菌落中产生相同类型的孔洞。事实上，他们发现了噬菌体，即感染细

❥ 噬菌体感染细菌细胞过程的艺术渲染图。病毒降落在细菌上，将基因组注入宿主细胞，并迅速复制，最终导致细菌细胞溶解，释放出数百个子代病毒

菌的病毒。虽然叫"噬菌体"，但这些病毒并不会像字面意思那样吞噬细菌，而是会杀死它们，这正是上述孔洞产生的原因。科学家很快就认识到，这些能够杀死细菌的病毒可以作为一种对抗细菌感染的潜在手段。他们在一个患有痢疾的男孩身上开展试验，引入病毒来治疗痢疾；后来又用这种方法治疗过霍乱、黑死病和其他细菌疾病。然而，政治因素和青霉素的发现让利用噬菌体治疗细菌性疾病的想法黯然失色，虽然这项工作在苏联还持续开展了一段时间。最近，由于对抗生素产生耐药性的细菌越来越多，这一想法又被重新提出。在农业生产中，使用噬菌体疗法有助于控制动植物的病原体，如感染植物的青枯病菌，或感染家禽的沙门菌。已经有许多实验研究使用噬菌体对抗植物病原

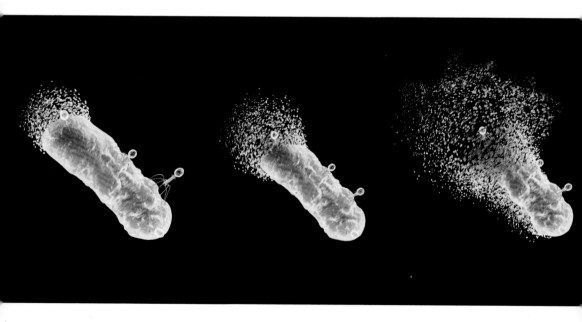

立枯丝核菌（*Rhizoctonia solani*）是一种感染谷物的真菌病原体，能够导致水稻纹枯病，如左图中的水稻所示；梨火疫病是一种细菌疾病，由梨火疫病菌（*Erwinia amylovora*）感染所致，如右图中的苹果树所示。这两种疾病今后也许都能用病毒来防治

体，在治疗感染了致命的抗生素耐药细菌的人类患者方面，也有成功的噬菌体疗法的实验案例。在未来，使用噬菌体可能会成为治疗细菌感染的标准方法。

病毒与癌症治疗

在第 148 页中我们已经讨论了使用病毒作为疫苗递送系统的研究，但这些病毒的用途不止于此，它们也被用于开发各种治疗不同类型癌症的手段。温和的病毒可以作为载体，将有助于对抗癌症的基因递送到患者体内，或者也可以被改造成只杀死癌细胞而不影响健康细胞的靶向治疗药物。近年来，病毒也被用于递送其他基因，比如将制造视网膜色素的基因递送给患有可致失明的遗传病的患者。研究者还希望通过递送基因对抗其他遗传病，包括镰状细胞性贫血和囊性纤维化。我们对有益病毒的了解远远落后于对致病病毒的了解。这并不奇怪，因为病原体影响着人类健康和家养动植物的健康，关于它们的研究也就更细致深入；但也有可能是人类对坏消息津津乐道，反而忽视了"好的"病毒。

Pepper cryptic virus 1

辣椒潜隐病毒 1

产生显著影响的潜隐病毒

- Ⅲ类
- 双分病毒科　Partitiviridae
- 丁型双分病毒属　Deltapartitivirus

基因组	线性、二分体、双链 RNA，包含约 3000 个碱基对，编码 2 种蛋白质
病毒颗粒	无包膜，二十面体
宿主	墨西哥辣椒（Jalapeño）及其近缘辣椒品种（*Capsicum annuum*）
相关疾病	无
传播途径	严格垂直传播

　　辣椒潜隐病毒 1（PCV-1）是一种垂直传播的植物病毒，可感染所有的墨西哥辣椒。这类病毒通常被称为潜隐病毒（cryptic），来自拉丁语词汇"隐藏的"，因为它们不会在被感染的植物中引起任何症状，并且通常在宿主体内以很低的水平存在。它们会传递给所有的后代，从而代代相传，感染多代宿主。

　　尽管是一种潜隐病毒，但辣椒潜隐病毒 1 确实会对它的植物宿主产生重要而明显的影响：它能抵御蚜虫。蚜虫是一种植物害虫，它们携带许多病毒性疾病，并以植物为自身生长而合成的糖分为食，从而损害植物。许多植物病毒与传播病毒的昆虫媒介关系密切，能够诱导植物宿主产生吸引这些昆虫的化合物，但像辣椒潜隐病毒 1 这样威慑蚜虫的现象尚未在任何其他植物病毒中发现。这种病毒的另一个独特之处在于，进食感染 PCV-1 的辣椒植株的蚜虫，繁殖效率比不上进食未感染植株的蚜虫。因此，这种病毒可以通过双重作用来降低蚜虫对植株的危害。

　　墨西哥辣椒是多种辣椒的统称，包括许多栽培品种。据推测，辣椒是大约一万年前从野生辣椒驯化而来的。野生辣椒见于墨西哥各地，其野生分离株也感染了 PCV-1。由于这种病毒只能通过花粉或卵子垂直传播，因此这种病毒可能已经在辣椒种群中存在了至少 1 万年。PCV-1 的突变率在所有已知病毒中是最低的，墨西哥辣椒和野生辣椒感染的毒株之间几乎没有区别。

　　>> 辣椒潜隐病毒的冷冻电子显微图像。由于该病毒在感染植物中的复制水平非常低，因此需要超过一千克的叶片才能提取出足够的病毒来生成这张图像

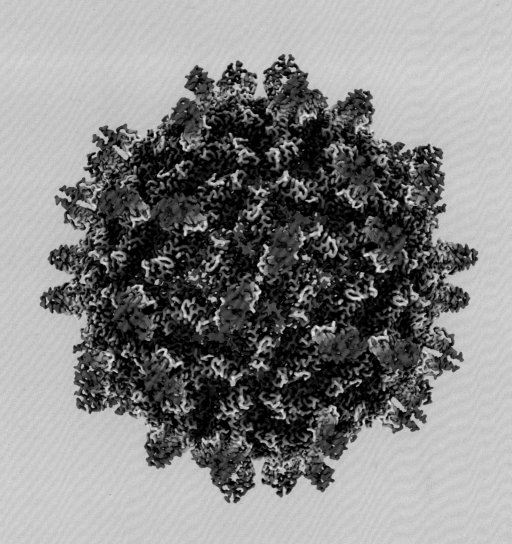

CThTV Curvularia orthocurvulavirus 1
正弯孢病毒 1 型
赋予其宿主及宿主的宿主耐热性的病毒

- III 类
- 弯孢菌病毒科 Curvulariviridae
- 正弯孢病毒属 Orthocurvulavirus

基因组	线性、二分体、双链 RNA，包含约 4100 个碱基对，编码 5 种蛋白质
病毒颗粒	无包膜，小二十面体
宿主	管突弯孢菌（*Curvularia protuberata*）
相关疾病	不致病，对宿主有益
传播途径	垂直传播

正弯孢病毒 1 型通常被称为弯孢菌耐热性病毒（CThTV），它重新唤起了人们对有益病毒的关注，也是病毒和宿主之间多层次相互作用的一个重要例子。

弯孢菌耐热性病毒是在美国怀俄明州黄石国家公园的一种真菌中发现的，这种真菌寄生在地热土壤中生长的温泉莲座黍上。大多数植物不能耐受太高的土壤温度，但温泉莲座黍已经适应了高温，因为它被一种内生真菌——管突弯孢菌定殖，同时，真菌还感染了弯孢菌耐热性病毒。这三种生物对这种耐热机制的运转来说缺一不可。这种真菌可以在培养基中生长，但不能耐受高温；而且这种植物也可以被不携带病毒的真菌定殖，但如此一来它会失去耐热性。在实验室中，当感染病毒的真菌被转移到番茄植株上时，也能让番茄变得耐热，表明这种病毒可以对多种植物产生影响。

自 2007 年发现 CThTV 以来，人们又在真菌中发现了其他几种与之相关的病毒，但仍然只有 CThTV 拥有这种独特的耐热性。黄石公园其他区域的植物也被类似的真菌寄生，但只有在地热土壤中生长的植株里才存在这种病毒。这种互利关系的形成，正是这些物种相互作用演化机制的实例。耐热的性状是偶然出现的：病毒以某种方式（意外地）影响了真菌和植物的基因表达，提高了其耐热性。一旦这种关系建立，强大的自然选择压力就会自然而然地让植物保留这些被病毒感染的真菌。

>> 温泉莲座黍生长在地热土壤中，这里的土壤温度远高于植物正常的耐受能力

MHV Murid gammaherpesvirus 4

鼠 γ 疱疹病毒 4 型

可以防止细菌病原体感染的潜伏疱疹病毒

- Ⅰ类
- 疱疹病毒科 Herpesviridae
- 猴病毒属 Rhadinovirus

基因组	线性、单分体、双链 DNA，包含约 18 万个碱基对，编码超过 75 种蛋白质
病毒颗粒	有包膜，大的二十面体核心
宿主	小鼠
相关疾病	潜伏感染，无症状
传播途径	直接接触

鼠 γ 疱疹病毒 4 型（MHV）的一个毒株——鼠 γ 疱疹病毒 68 型（MHV-68）常被用作人类致病性 γ 疱疹病毒的研究模型。对于无法在人类宿主身上进行的研究，小鼠是很好的模式动物。

MHV-68 被用作几种人类疱疹病毒的模型，包括引起单核细胞增多症的 EB 病毒和在免疫抑制人群中导致癌症的卡波西肉瘤相关疱疹病毒。它还与人类巨细胞病毒（HCMV）关系很近。疱疹病毒常引起潜伏感染，它们出现在宿主的神经组织中，复制速度很慢。大多数疱疹病毒在这种潜伏状态下并不致病。

MHV-68 潜伏感染的小鼠可抵抗腺鼠疫致病菌鼠疫杆菌（Yersinia pestis）和单核细胞增多性李斯特菌（Listeria monocytogenes，一种人类食源性细菌病原体）的感染。虽然如今我们已经很少听到关于腺鼠疫的消息，但在世界上某些地区它仍然威胁着人们的健康。曾在 14 世纪杀死了欧洲 60% 的人口的黑死病就是一种腺鼠疫。北美洲每年通常还会发生几例腺鼠疫，但大多数人都是腺鼠疫幸存者的后代，对这种细菌性疾病有抵抗力。

MHV-68 在小鼠中诱导先天免疫应答（详见第 159 页），这可能在预防上述细菌病原体感染方面发挥重要作用。受感染小鼠体内的干扰素（介导先天免疫的蛋白质）和巨噬细胞（吞噬入侵微生物的血细胞）水平升高。在人类中，人类巨细胞病毒可以预防导致艾滋病的 HIV 感染。

➤➤ 鼠γ疱疹病毒68型的ORF52蛋白（靠上）和衣壳蛋白（靠下）的丝带模型图。ORF52与在感染细胞内病毒结构的形成有关

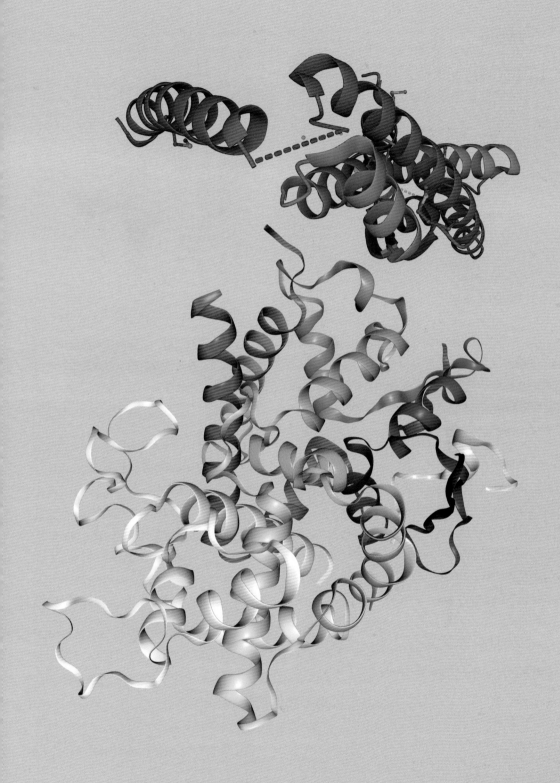

CTXφ Vibrio virus CTXphi

弧菌 CTXphi 噬菌体

让霍乱弧菌变成致病菌的病毒

- II 类
- 丝杆噬菌体科　Inoviridae
- 助霍乱病毒属　Affertcholeramvirus

基因组	环状、单分体、单链 DNA，包含约 6700 个核苷酸，编码 9 种蛋白质
病毒颗粒	无包膜，柔性杆状
宿主	霍乱弧菌
相关疾病	霍乱
传播途径	水传播

霍乱是一种细菌性疾病，几个世纪以来一直严重危害着人类的健康。它会引起水样腹泻，使感染者严重脱水。霍乱是第一种人们广泛认识到其致病因子通过水传播的疾病，清洁饮用水的供应在很大程度上将这种疾病从世界许多地区消除。然而，其病原体还存在于生贝类中，而在无法保障清洁饮用水的地区仍有霍乱病例出现。

霍乱由一种名为霍乱弧菌（*Vibrio cholerae*）的细菌导致，但并不是由它单独引起的，只有当它被弧菌 CTXphi 噬菌体（CTXφ）感染时才会致病。该病毒编码的毒素是霍乱弧菌入侵人类肠道并引发疾病所必需的。这种关系显然对霍乱弧菌有益，因为它让霍乱弧菌得以入侵人类肠道，占据新的生态位。在许多水体中都曾发现不致病的霍乱弧菌分离株，包括美国切萨皮克湾，但这些菌株中不含 CTXφ 噬菌体，因此无法感染人类肠道。

CTXφ 噬菌体通常不会以游离病毒的形式存在。相反，它通常整合到细菌的基因组中，维持一种叫作溶原态的状态。许多细菌病毒都保持这种整合状态，随宿主基因组的复制而复制，并表达相对低水平的病毒蛋白。当它们被触发离开宿主基因组并开始裂解性感染时，会大量自我复制，通常会导致宿主细胞爆裂并将感染性病毒释放到环境中——在霍乱弧菌的例子中就是释放到水里。

>> 计算机辅助构造的CTXφ噬菌体蛋白与霍乱弧菌蛋白相互作用的模型

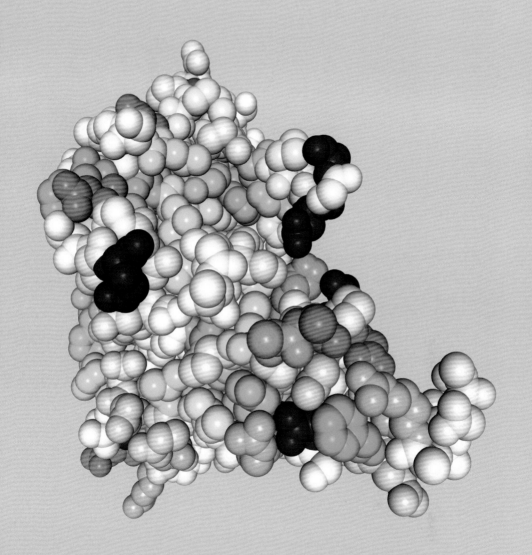

ScV-L-A Saccharomyces cerevisiae virus L-A

酿酒酵母病毒 L-A
帮助宿主杀死竞争对手的病毒

- Ⅲ类
- 整体病毒科 Totiviridae
- 整体病毒属 Totivirus

基因组	线性、单分体、双链 RNA，包含约 4600 个碱基对，编码 2 种蛋白质
病毒颗粒	无包膜，二十面体
宿主	酿酒酵母
相关疾病	无
传播途径	垂直传播，酵母接合

在自然界中，酵母菌的生存环境里常常充满了竞争者。然而，如果酿酒酵母（*Saccharomyces cerevisiae*）感染了酿酒酵母病毒 L-A（ScV-L-A）和它的某个卫星 RNA，就可以用一种强大的毒素来杀死竞争对手，但其自身对这种毒素免疫。

ScV-L-A 是卫星 RNA（详见第 45 页）的辅助病毒，编码用于复制和封装卫星 RNA 的所有基因。毒素则由卫星 RNA 编码，其本质是包含 5 种成分的单个多聚蛋白：第一种成分告诉毒素应该去到细胞中的什么位置，完成这一使命后会被剪切掉；剩下的四种成分会折叠，这样其中两种成分就能通过一种叫作二硫键的化学结构结合在一起，然后其他成分也被剪掉；剩下两种结合在一起的成分离开细胞，成为可以杀死酵母细胞的毒素。当毒素进入一个敏感的酵母细胞时，它会进到细胞核中，在那里阻断细胞周期，通过阻止细胞复制杀死细胞。

这种毒素可以进入任何酵母细胞，但在被病毒感染的细胞中，它重新会与卫星 RNA 制造的多聚蛋白结合，从而使毒素失效，因此受感染的酵母细胞对毒素免疫。

像 ScV-L-A 这样具有双链 RNA 基因组的病毒会将它们的基因组隐藏在宿主细胞内。所有已知的双链 RNA 病毒都是如此，这可能是因为双链 RNA 在许多生物体内通常会触发抗病毒反应。这些病毒基因组永远不会离开安全的藏身之处，将双链 RNA 从病毒颗粒释放出来，相反，它们会仅仅释放出单链 RNA，在细胞内充当信使 RNA 和前基因组的角色。基因组的第二条链是在病毒颗粒内合成的。

≫ 利用X射线晶体学数据推断的酿酒酵母病毒L-A结构模型

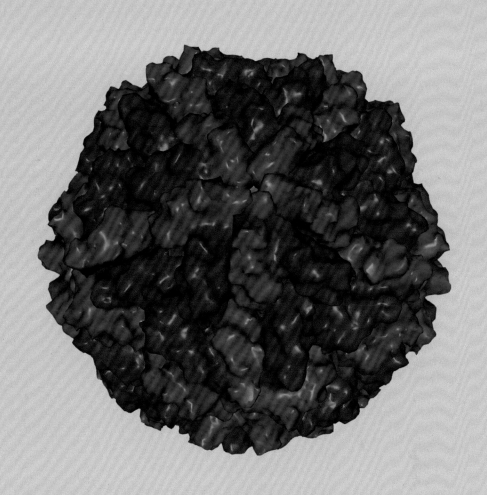

THE PATHOGENS

病原体

导言

大流行（Pandemic）！ 2020 年，这个词成为使用频率最高的英文词语之一，《韦氏词典》将它评为了年度词汇。大流行病指广泛传播的感染性疾病，与传染病的区别在于它引发了世界范围内的大规模传播。自 1918 年流感大流行以来，人类已经有一百多年没有遭遇过致命疾病的大流行了。人类行为的变化，特别是国际旅行的大幅增加，使得大流行发生的风险变得比过去更高。随着人类的四处移动，我们不仅携带着感染人的病毒，还常常携带着感染其他动物和植物的病毒。本章将描述三次重要的人类病毒大流行，介绍那些跨越物种并在世界范围内传播的病毒。

跨物种传播

病毒存在于其原生宿主中时，往往只造成地区性感染，且通常是无症状的。下面的示意图说明了当农业耕作区逐渐靠近荒野时，野生植物中的病毒是如何偶然传播到栽培植物中的。在大多数情况下，病毒的传播"到此为止"，并不会继续往下传播，但在极少数情况下，病毒可能会在栽培植物宿主之间传播开来，或着进一步跨物种传播。

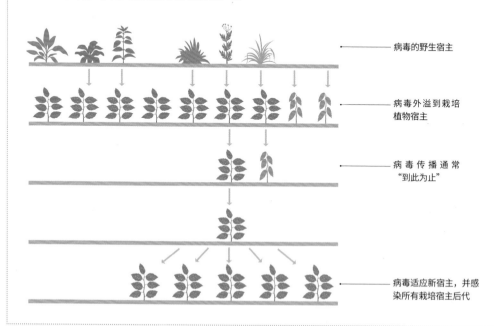

病毒的野生宿主

病毒外溢到栽培植物宿主

病毒传播通常"到此为止"

病毒适应新宿主，并感染所有栽培宿主后代

植物病毒传播到其他地区作物中的例子

病毒	发生地	首次报告时间	作物原产地	病毒源头
木薯花叶双生病毒	东非	1984	南美洲	未知
玉米条纹病毒	非洲	1928	中美洲	野生原生禾草
番茄黄化曲叶病毒病	以色列	20世纪30年代	南美洲	感染多种野生宿主；源头不明
甘蔗黄叶病毒	美国南部以及中南美洲	1994	南亚	宿主不详，但起源于哥伦比亚
茄瓜花叶病毒病	秘鲁，但已经出现在世界各地茄科植物上	1980	南美洲	原生香瓜茄
番茄灼烧病毒	西班牙	1996	南美洲	源头未知；感染多种茄科植物
鸢尾黄斑病毒	巴西	1981	全世界	源头未知，但在杂草中很常见
李痘病毒	美国[1]	1999	中国	源头未知；可能随苗木从欧洲带来
小麦花叶病毒[2]	美国	1993	土耳其	源头未知，但也见于当地的玉米作物

注：1.该病毒广泛分布于欧洲；1999年首次在美国东部出现。
    2.也叫高平原病毒

大多数病毒会适应宿主，在其自身的生存和宿主的免疫应答之间找到平衡。不过，病毒偶尔也会感染其常规宿主以外的生物体。这个过程通常只涉及单一个体，也许会致病，但不会将病毒传播给任何其他宿主。想要跨越到一个完全不同的新物种中，病毒必须不断演化，克服许多障碍来感染新的宿主，然后再克服一系列更多的障碍来离开这个新宿主并传给其他个体（详见第144页）。

但由于人类正在逐渐扩张，不断深入从前主要供野生动物栖息的荒野地区，病毒的跨物种传播可能会变得更加频繁。在植物病毒中，当植物从原生环境被带到世界其他地区，并在那里遇到新的病毒时，就会发生许多跨物种传播事件。病毒跨物种传播后很可能会引发大流行，在植物、动物及人类中都曾发生过这样的案例。

流行性感冒

虽然最广为人知的流感爆发是 1918 年的流感大流行，但其实在此之前已经发生过数次流感传染和大流行。流行性感冒（Influenza）这个词来源于拉丁语"influentia"，意思是"影响"，在 14 世纪的意大利，人们首次用这个词来形容一种疾病。第一次有记载的流感大流行始于 1580 年的亚洲，随后流行至欧洲，并最终蔓延至美洲。17 世纪和 18 世纪分别发生过两次流感大流行，但 1918 年的流感大流行尤其臭名昭著，直到 2019 年新型冠状病毒感染大流行后来居上，取代其成为最令人谈之色变的流行疫情。

1918 年流感大流行

虽然在 1918 年流感大流行前大约 20 年人们就已经发现了病毒，但当时并不知道流感是由病毒导致的。虽然常常被称为"西班牙流感"，但这次疫情并非始于西班牙，只是因为当时西班牙没有被卷入第一次世界大战，所以那里关于流感的报道更完整，这可能是误解之源。1918 年 3 月初，美国堪萨斯州赖利堡的新兵中报道了第一例病例。疫情从那里蔓延到美国中西部和东南部的军营。1918 年 4 月，前往欧洲作战的士兵将病毒带到了法国，并从那里传播到整个欧洲。不过最初的这波病毒没有那么致命。1918 年 8 月，法国港口城市布雷斯特首次报道了第二波流感，这次爆发从那里蔓延到世界各地。同月，病毒随着一艘英国船只感染了塞拉利昂的码头工人，从那里席卷非洲和亚洲，并最终在 1919 年传播到澳大利亚。同时，第二波流感又从欧洲传回北美，并在 1918 年的秋冬期间肆虐。变异后的病毒比第一波更为致命。南美洲的病毒可能分别从欧洲或非洲独立传入。

第一次世界大战中的军队转移，随后的铁路建设，以及世界各地蒸汽船的广泛使用，极大地促进了病毒的传播。西伯利亚大铁路将大量病毒从欧洲带到亚洲，而远洋运输则将病毒带到了世界其他大部分地区。到 1919 年 1 月，世界上几乎每个地方都有流感肆虐。

↗ 在1918年的流感大流行中，西伯利亚大铁路助长了流感在东欧的传播

➤➤ 1918年流感大流行期间，医院里挤满了病人，不得不搭建临时床位来收容病人

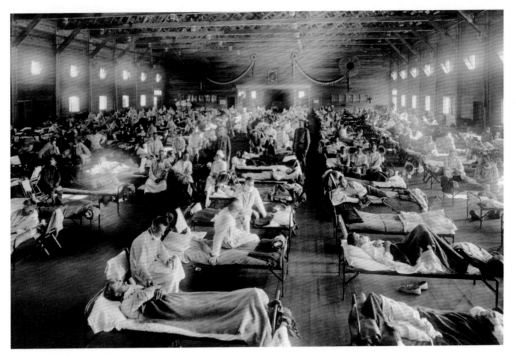

　　据估计，当时至少有 5 亿人感染流感，约占全世界总人口的三分之一。有报告称超过 2000 万人死亡，而且几乎可以肯定的是，这些数字仍是被低估的。印度的一项估算显示，仅在该国就有 1500 万人死亡；另一些估算指出，世界范围内的死亡病例高达 5000

万。在美国，死于流感的人数比两次世界大战期间因战争而死亡的总人数还要多。许多家庭所有人都被感染了，因此没有人可以照顾患者，虽然年幼的儿童通常症状较轻。

当第二波流感席卷美国时，作者的母亲只有5岁，她回忆说，当时成年的亲戚中只有一位没被感染，他必须挨家挨户地分发食物并提供护理，最后，当其他人终于康复时，他也病倒了。许多20多岁到40多岁的青壮年被感染，死亡人数比以往的大流行多得多。为什么这次疫情如此致命？原因之一可能是

1918年，人们尚不清楚流感是由病毒导致的，但已经知道它是一种呼吸道传染病。为了预防感染，海报和报纸上刊登了告示，建议人们不要随地吐痰，还有许多人戴上了口罩

1918年流感大流行期间，华盛顿特区的红十字紧急救援站

这种病毒对人类来说是一种新的毒株，当时的人群对它没有免疫力。由于当时尚未开发出抗生素，许多人还会发生肺炎等继发性细菌感染并最终因此死亡。20 世纪后续发生的两次流感大流行（1957 年和 1968 年）则要温和得多。

1918 年流感大流行的结束并不像爆发时那样轰轰烈烈：病例数在 1920 年冬天激增，此后就逐渐平息。大多数大流行疾病都是这样结束的，当足够多的人对病毒产生免疫力

后，病毒就无法找到足够的宿主继续传播，只能悄然归于平寂。这种现象有时被称为"群体免疫"，但其中的细节还不太清楚。

了解流感病毒

2005 年，人们测定了 1918 年流感病毒的完整核苷酸序列，揭露出很多关于大流行毒株早期演化历史的信息。该病毒的所有基因组片段都起源于鸟类，但在它感染人类之前，就已经感染了某种哺乳动物宿主数年，

流感病毒基因重配产生的大流行毒株

流感病毒的遗传特征很复杂。它的基因组包含 8 个不同的 RNA 片段，每个片段编码一种不同的蛋白质。与所有 RNA 病毒一样，流感病毒会随着时间的推移逐渐演化，每年都会出现新的变异株。这种现象被称为基因漂移。当两种不同的流感毒株感染同一宿主时，可能导致基因转移和 8 个 RNA 片段的重组。产生的

新毒株存在导致大流行的潜在风险，因为人类可能对它们缺乏免疫力。流感毒株的命名通常只基于它们的 H（编码血凝素的基因）和 N（编码神经氨酸酶的基因）两个片段，这是因为血凝素和神经氨酸酶位于病毒表面，宿主的大多数免疫反应都是针对这两种蛋白的。

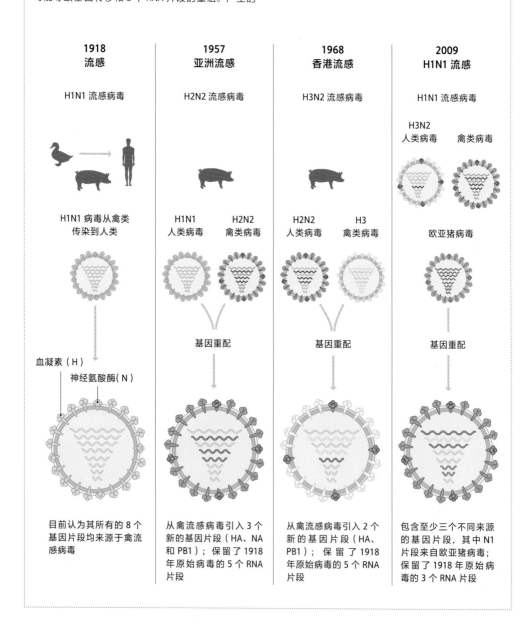

1918 流感

H1N1 流感病毒

H1N1 病毒从禽类传染到人类

血凝素（H）
神经氨酸酶（N）

目前认为其所有的 8 个基因片段均来源于禽流感病毒

1957 亚洲流感

H2N2 流感病毒

H1N1 人类病毒　　H2N2 禽类病毒

基因重配

从禽流感病毒引入 3 个新的基因片段（HA、NA 和 PB1）；保留了 1918 年原始病毒的 5 个 RNA 片段

1968 香港流感

H3N2 流感病毒

H2N2 人类病毒　　H3 禽类病毒

基因重配

从禽流感病毒引入 2 个新的基因片段（HA、PB1）；保留了 1918 年原始病毒的 5 个 RNA 片段

2009 H1N1 流感

H1N1 流感病毒

H3N2 人类病毒　　禽类病毒

欧亚猪病毒

基因重配

包含至少三个不同来源的基因片段，其中 N1 片段来自欧亚猪病毒；保留了 1918 年原始病毒的 3 个 RNA 片段

这种哺乳动物最有可能的是猪。而在它最终成为大流行毒株之前，其实也已经感染了人类一段时间（可能是几年）。

流感诱发的免疫应答中最重要的抗原蛋白是血凝素（H）和神经氨酸酶（N）。这些蛋白质位于病毒表面，在病毒进入细胞的过程中扮演着关键角色。大多数流感毒株基于这两种蛋白质命名：1918 年的流感病毒是 H1N1，20 世纪中期的两个大流行毒株分别是 H3N2 和 H2N3，这两个毒株目前仍在流行。2009 年出现了一种新的大流行毒株，也是 H1N1，它的大部分片段来自当时流行的其他毒株，但 H 和 N 两个片段来自猪流感病毒。一开始人们很恐慌，因为这种毒株的 H 和 N 血清型与 1918 年的流感病毒相同，但后来事实证明它比当时流行的其他毒株更温和，并没能取代它们。

禽流感

所有流感病毒都起源于禽类病毒。这种病毒在迁徙的水禽中流行，但这些毒株通常不能感染人类，需要另一个宿主作为跳板。

❯ 英国一只患了禽流感的北鲣鸟（*Morus bassanus*）。2022年，北大西洋有数万只海鸟死于禽流感，英国北部的海鸟密集聚居地受害尤为严重

然而，有少数几次疫情，病毒直接通过家禽感染人类，这通常被称为禽流感。禽流感非常严重，死亡率极高，但这些毒株都没有在人与人之间传播的能力，而且也不太可能获得这种能力。它们会感染肺部深处的细胞，

因此症状非常严重，但感染部位太深也让它们很难在人与人之间传播——呼吸道病毒需要在上呼吸道中达到较高水平的病毒浓度才容易传播。

流感病毒传播周期

所有流感病毒都起源于野生水禽，而水禽感染后并没有症状。该病毒可感染家禽和许多哺乳动物，人们在不同宿主中发现了不同的血清型。人类宿主不能直接

从野生禽类感染流感病毒，而需要通过其他动物间接传播，其中最常见的中间宿主是猪。在过去的100年里，所有流感大流行毒株都是这样传播的。

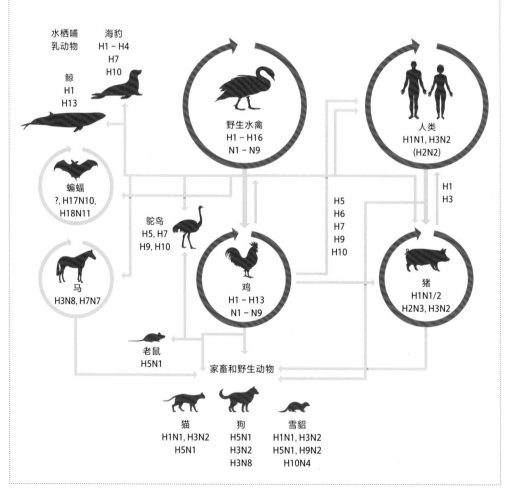

严重急性呼吸综合征（SARS，曾称传染性非典型肺炎，简称非典）

2002 年底，中国广东报告了一种新型肺炎。2003 年初，越南河内报告了另一例病例，负责检查该患者的世界卫生组织（WHO）官员在其后 6 周内死亡。这种肺炎病情严重，病死率高。2003 年 3 月初，这种病毒出现在香港的一家酒店，并从那里传播到世界各地，世界卫生组织发布了全球预警。同年 4 月，加拿大的一个研究小组公布了这种病毒的基因组序列，它被命名为严重急性呼吸综合征冠状病毒（SARS-CoV）。

对该病毒的基因分析表明，它起源于蝙蝠，通过中间宿主果子狸感染了人类。到 2003 年 6 月，疫情已经基本结束。最终全世界只有 8000 多人感染，700 多人死亡，病死率约 9%。

2012 年出现了另一种冠状病毒疾病，称为中东呼吸综合征（MERS）。这种病毒在中东缓慢传播，曾造访中东的其他国家游客中也出现了一些散发病例，但未广泛流行。然而，它的病死率超过 25%，因此仍然是种令人担忧的疾病。这种病毒也起源于蝙蝠，最常见的中间宿主是骆驼。

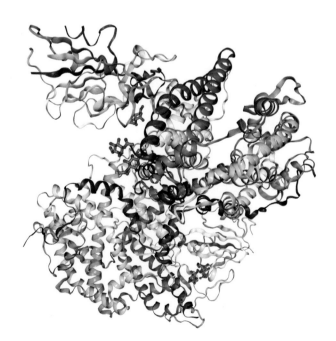

<< 2002—2003年，SARS-CoV果子狸毒株的突起蛋白受体结合域与人–果子狸嵌合受体NGL结合形成的复合体晶体结构

香港大都会酒店

SARS-CoV 从香港大都会酒店的首例患者（红色房间）传播给其他客人

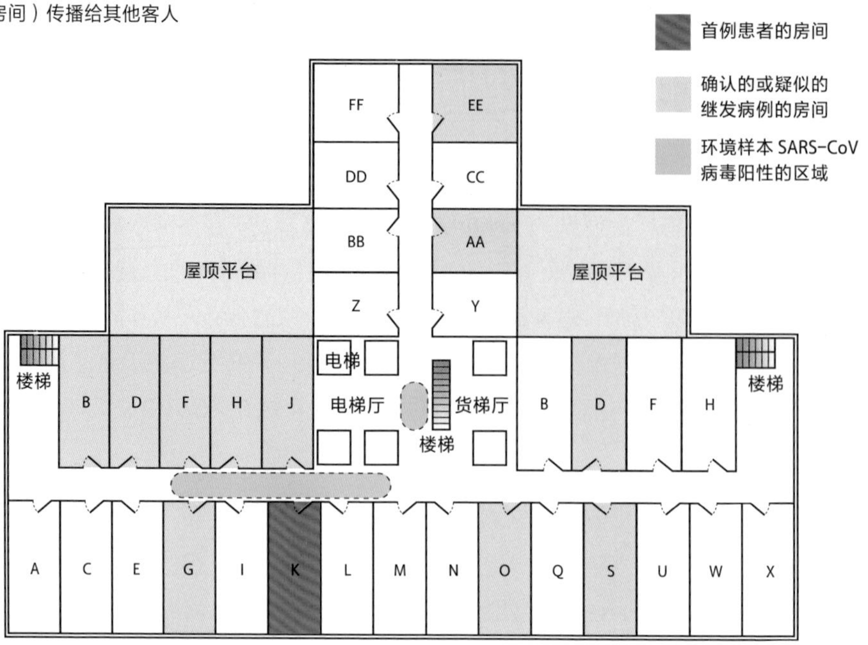
首例患者的房间
确认的或疑似的继发病例的房间
环境样本 SARS-CoV 病毒阳性的区域
FF
EE
DD
CC
BB
AA
Z
Y
屋顶平台
屋顶平台
电梯
电梯厅
货梯厅
楼梯
楼梯
楼梯
B
D
F
H
J
B
D
F
H
A
C
E
G
I
K
L
M
N
O
Q
S
U
W
X

SARS-CoV 在世界范围内的最初传播

SARS-CoV 从香港大都会酒店传播到世界各地。

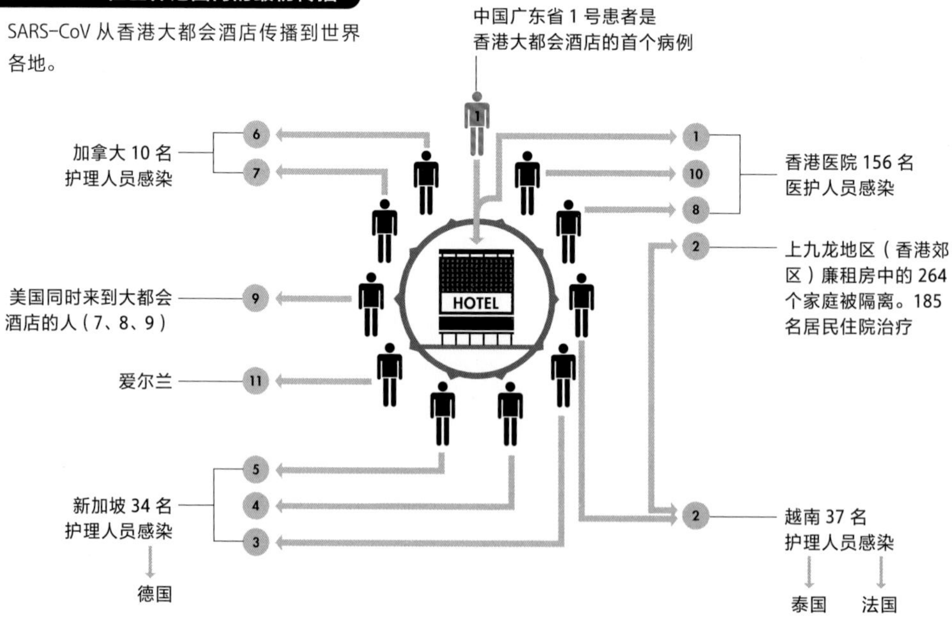
中国广东省 1 号患者是香港大都会酒店的首个病例
HOTEL
加拿大 10 名护理人员感染
美国同时来到大都会酒店的人（7、8、9）
爱尔兰
新加坡 34 名护理人员感染
德国
香港医院 156 名医护人员感染
上九龙地区（香港郊区）廉租房中的 264 个家庭被隔离。185 名居民住院治疗
越南 37 名护理人员感染
泰国
法国

COVID-19

2019 年底又一种名为 COVID-19 的新型冠状病毒疾病出现了，它由 SARS-CoV-2 病毒引起。这种病毒与 SARS-CoV 密切相关，但基本可以肯定，它不是直接从该病毒演化而来的。它也起源于蝙蝠，可能也有中间宿主，但尚不清楚具体是什么。SARS-CoV-2 可感染多种动物，包括野生和家养动物，这些动物都可能成为病毒库。到 2022 年初，新型冠状病毒感染的总病死率已经下降到 1.5% 左右。虽然在大流行开始时，尤其是在可用的疫苗出现之前，病死率要更高，但即便如此，这一数字仍低于 20 世纪的几次人类大流行疾病，也低于 1918 年的流感大流行，当时的病死率在 4% 到 10% 之间。

很快，SARS-CoV-2 就成为世界上被研究得最彻底的病毒。它有许多独特之处。病毒外侧具有突起蛋白，让病毒得以附着在宿主细胞上；同时还存在大量的糖类物质，病毒有时会利用这些糖分子来躲避宿主免疫系统的检测。突起蛋白与宿主细胞上的受体结合，利用宿主蛋白与宿主的细胞膜融合并进入细胞。一旦进入细胞，病毒就会抑制细胞本身合成 RNA 的能力，并接管细胞机器来复制病毒的 RNA。宿主细胞合成蛋白质的能力大约有 70% 会被病毒关闭，转而制造病毒的蛋白质，受感染的细胞也因此失去了向免疫系统示警的能力。

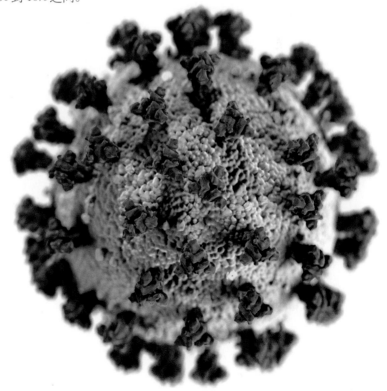

➤➤ SARS-CoV-2结构模型，突起蛋白用红色表示

一旦SARS-CoV-2病毒占领了宿主细胞，它就会诱导宿主细胞形成一层导致细胞融合的脂质膜。在某些细胞类型，比如肌肉中，这种细胞融合是正常现象；但在肺泡细胞中，细胞融合却会引发问题，导致多个细胞融合形成更大的结构，这些结构很可能使病毒的复制效率进一步提高。上述过程大部分在其他病毒感染中也会发生，但SARS-CoV-2似乎将所有这些事件整合到了一次感染中，而且进展速度似乎大大加快。在离开细胞时，SARS-CoV-2采取了不同于其他冠状病毒的机制，通过平时用于排出废物的细胞结构离开。这一机制的效率并不高，目前还不清楚新型冠状病毒为什么采取这一机制。

SARS-CoV-2已经出现了前后好几波流行，每次流行的主要毒株以希腊字母命名。这些不同的变异株似乎是独立演化的。换句话说，人们可能会认为德尔塔毒株是从贝塔毒株演化而来，而奥密克戎毒株是从德尔塔毒株演化而来，但事实似乎并非如此。演化方向有利于病毒的传播，而不是提升其致病能力，因此未来SARS-Cov-2毒株的致病性不太可能增强。

↑ 2020年3月，泰国曼谷的公交车上，人们戴着医用口罩来避免来自新型冠状病毒的感染

SARS CoV-2 的感染和发病周期

突起蛋白与细胞表面的血管紧张素转化酶 2（ACE2）受体结合，病毒进入细胞。病毒包膜与宿主细胞膜融合，将病毒 RNA 释放到细胞内。病毒 RNA 基因组快速合成非结构蛋白，这些非结构蛋白会抑制宿主 RNA 翻译为蛋白质的过程。病毒重塑细胞的膜结构网络，

并合成更多的病毒蛋白。病毒与细胞膜会一起复制。之后病毒突起蛋白通过高尔基体或通常用于排出细胞废物的溶酶体离开细胞。高尔基体是一种重要的细胞器，在将蛋白质移动到细胞质膜上的过程中起重要作用。

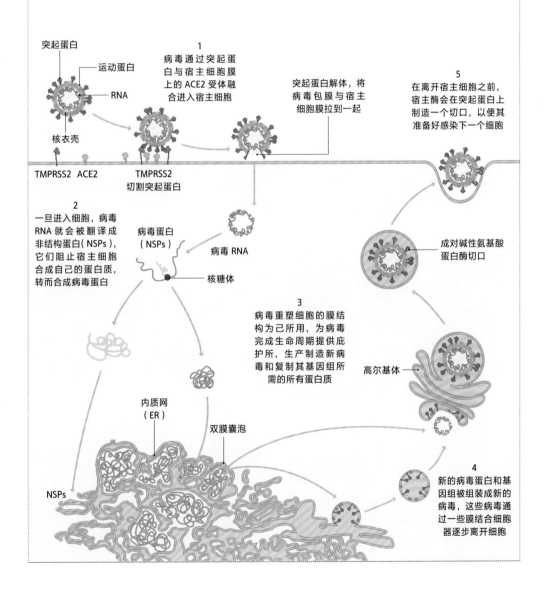

突起蛋白
运动蛋白
RNA
核衣壳

TMPRSS2 ACE2

1 病毒通过突起蛋白与宿主细胞膜上的 ACE2 受体融合进入宿主细胞

TMPRSS2 切割突起蛋白

突起蛋白解体，将病毒包膜与宿主细胞膜拉到一起

5 在离开宿主细胞之前，宿主酶会在突起蛋白上制造一个切口，以便其准备好感染下一个细胞

2 一旦进入细胞，病毒 RNA 就会被翻译成非结构蛋白（NSPs），它们阻止宿主细胞合成自己的蛋白质，转而合成病毒蛋白

病毒蛋白（NSPs）
病毒 RNA
核糖体

成对碱性氨基酸蛋白酶切口

3 病毒重塑细胞的膜结构为己所用，为病毒完成生命周期提供庇护所，生产制造新病毒和复制其基因组所需的所有蛋白质

高尔基体

内质网（ER）
双膜囊泡
NSPs

4 新的病毒蛋白和基因组被组装成新的病毒，这些病毒通过一些膜结合细胞器逐步离开细胞

柑橘衰退病毒

在过去的一个世纪里发生了许多次植物病毒大流行，但与人类病毒大流行相比，它们得到的媒体报道就少得多了。这并不奇怪，但植物病毒还是很重要的，其原因主要有二：一是人类的食物几乎全部直接或间接来源于植物；二是植物病毒可以用于构建实验系统和流行病模型，这是人类病毒或其他动物病毒无法做到的。

植物的疾病改变了许多人类历史的进程，例如，世界上某些地区无法再生产水稻，还有些地方无法再种植土豆。在美洲，柑橘的消亡始于 20 世纪早期，原因正是柑橘衰退病毒。

柑橘属起源于亚洲，亚洲种植的大多数柑橘品种都能抵抗或耐受柑橘衰退病毒。柑橘通过种子，首先传播到地中海地区，然后传遍全球。这种病毒并不通过种子传播，因此并没有随着柑橘的扩散而传到世界上大部分地区。然而在 19 世纪时，世界各地的

柑橘果树都受到根腐病的威胁，为了解决这个问题，人们培育出一种对根腐病具有抗性的酸橙（*Citrus × aurantium*）作为砧木，并在世界上许多地方广泛使用。此后，亚洲以外的大多数柑橘果树都是用单一砧木的后代培育的。20 世纪 30 年代，南美洲首次发现了一种严重的疾病，因其造成的悲惨后果被命名为"tristeza"（意为"悲伤"）。数以百万计的树木死亡，另有更多的树木产量下降。这种疾病在 20 世纪 40 年代中期被确定为病毒性疾病，而酸橙砧木对这种病毒特别易感。这种病毒在全世界蔓延，目前估计已导致 1 亿棵果树死亡。

柑橘衰退病毒究竟从何而来？北京柠檬（*Citrus × meyeri*）于 1908 年从中国被带到美国加利福尼亚州，然后在 20 世纪 20 年代被引入佛罗里达州和得克萨斯州。当科学家开发出检测柑橘衰退病毒的工具后，他们马上对北京柠檬树进行了测试，发现它们都被病毒感染了，但并没有出现症状。很有可能是北京柠檬携带了这种致命的病原体，并帮助它扩散，引发了大流行病。

↙↙ 死于柑橘衰退病毒感染的柑橘树

↙ 北京柠檬经常感染柑橘衰退病毒，但不会出现任何症状。这种耐受性是导致柑橘病害在美洲其他柑橘中传播的部分原因

↘ 橘蚜侵染柑橘叶片，它是传播柑橘衰退病毒的高效媒介

柑橘衰退病毒是由蚜虫传播的。研究人员通过实验测试了多种不同蚜虫的传播效率，发现20世纪初被引入南美洲的橘蚜（*Toxoptera citricida*）是效率最高的，可能是它们导致了那里的广泛感染。这种蚜虫在20世纪90年代初穿过中美洲向北扩散，并于1995年抵达佛罗里达州，很快在那里建立起种群。这一入侵物种导致了柑橘衰退病的新一波高峰。加利福尼亚州目前还没有发现这种蚜虫，州政府已经禁止从州外进口柑橘类植物，从而努力维持现状。

柑橘衰退病毒在世界许多地区柑橘属植物中仍然是一个严重的问题。树木的疾病特别难以处理，因为树木的寿命长，生长周期也长。相反，一年生作物的病害通常可以通过隔年交替种植不同的作物或使用对病毒具有抗性的不同品种来避免。

未来大流行的可能性

大多数病毒大流行发生在人类和家养动植物中。植物的病毒大流行往往归因于单一化种植，即大量单一宿主物种生活在一起，通常还十分拥挤。在农业生产中，通常种植的不仅是同一物种，还是同一栽培品种，因此宿主的遗传多样性很低。

未来肯定还会有更多的大流行发生在人类、农作物或家畜身上。人类在全球范围内的流动是导致病毒大流行重要因素之一，这一过程不仅会传播人类疾病，而且也会帮助家养的动植物和携带疾病的媒介一起转移到新的地区。气候变化是另一个很可能加剧病毒流行的因素，它将导致人类更频繁地迁移，以及许多病媒昆虫的宿主分布范围发生变化。

随着科学家试图了解新型冠状病毒感染大流行是如何开始和传播的，人们对病毒的认识迅速增长。我们希望能够从这次灾难性事件中开发出新的工具，从而能够预测并预防未来发生类似的事件。

❧ 柠檬叶片感染柑橘衰退病毒的症状

➤➤ 各种植物病毒感染的症状：左上图是感染木薯花叶病毒的木薯叶；右上图是感染玉米条纹病毒的玉米叶；左下图是感染了李痘病毒的桃子；右下图是感染小麦条纹花叶病毒的小麦叶

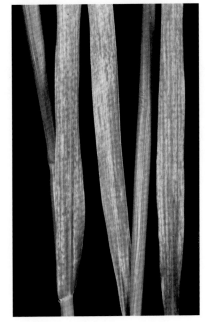

CPPV-1　Carnivore protoparvovirus 1

食肉动物原细小病毒 1 型

猫狗间跨物种传播的病毒

- Ⅱ类
- 细小病毒科　Parvoviridae
- 原细小病毒属　Protoparvovirus

基因组	线性、单分体、单链DNA，包含约4600个核苷酸，编码 4 种蛋白质
病毒颗粒	无包膜，二十面体
宿主	野猫和家猫，以及其他食肉动物
相关疾病	胃肠道、神经和免疫系统疾病
传播途径	接触，呼吸，粪口传播
疫苗	灭活病毒，减毒活病毒

　　食肉动物原细小病毒 1 型（CPPV-1）还有其他几个俗名，最常见的是猫泛白细胞减少病毒或猫细小病毒。自 20 世纪 20 年代以来，人们就认识到了这种疾病，它在猫身上会造成非常严重的感染，尤其是对小猫来说往往是致命的。

　　食肉动物原细小病毒 1 型感染的症状包括嗜睡，并伴有腹泻、发热和呕吐。没有兽医的干预，感染的小猫往往无法存活。受感染的动物会排出大量的病毒，这些病毒极其稳定，可以在物品表面存活长达一年之久。一般认为野猫在出生后的第一年就会受到感染，如果它们在感染后存活下来，就会拥有强大的终身免疫力。

　　幸运的是，针对这种病毒科学家已经开发出很好的疫苗，大多数家猫都进行了接种。小猫在断奶前会受到来自母体的抗体保护，但在断奶后和接种疫苗之前需要有一段等待期，因为残余的母源抗体会破坏疫苗。因此，小猫仍然会经历一小段容易受到感染的窗口期。

　　CPPV-1 与 CPPV-2 密切相关，CPPV-2 也被称为犬细小病毒。20 世纪 70 年代时，CPPV-2 出现在狗身上，几乎可以肯定是从猫宿主跨越到狗宿主身上的。它会在狗身上引发一种非常相似的疾病；同样，在母源抗体被清除之前不能给小狗接种疫苗。猫也可能感染 CPPV-2，并表现出相似的病程。

　　在其他许多野生食肉目物种中也发现了近缘病毒，包括鼬、浣熊（*Procyon lotor*）、狐狸和狼（*Canis lupus*）。

>> 来自冷冻电子显微镜数据的食肉动物原细小病毒1型的结构，显示了衣壳的高分辨率结构

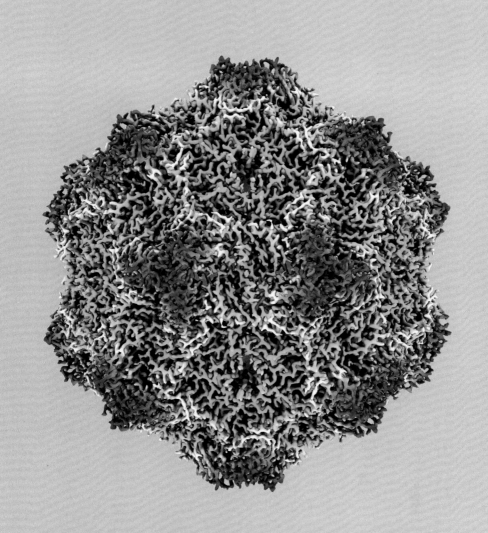

SIV Simian immunodeficiency virus

猴免疫缺陷病毒

天然宿主中的温和病毒在跨越物种后成为致命的病原体

- VI类
- 逆转录病毒科 Retroviridae
- 慢病毒属 Lentivirus

基因组	单分体、单链 RNA，包含 9600 个核苷酸，编码 7 种蛋白质
病毒颗粒	有包膜，球形核心中包含两组基因副本
宿主	多种灵长类动物
相关疾病	通常无症状；在猕猴、黑猩猩和大猩猩中引起免疫缺陷
传播途径	垂直传播，通过亲密接触水平传播
疫苗	暂无

猴免疫缺陷病毒（SIV）是一种典型的逆转录病毒，它会将自己的 RNA 基因组转化为 DNA，然后整合到宿主细胞的基因组中。病毒基因组会一直存在于受感染细胞的 DNA 中，终身伴随，并随着细胞分裂传递给其子细胞。

猴免疫缺陷病毒是非洲野生灵长类动物中的常见病毒，已经感染其宿主成千上万年之久——在约 11 000 年前就已经与非洲大陆分离的比奥科岛上，那里的灵长类动物身上也发现了这种病毒。在黑脸绿猴（*Chlorocebus sabaeus*）和白枕白眉猴（*Cercocebus atys*）中，猴免疫缺陷病毒的感染率很高，但几乎没有什么症状，关于这种病毒的研究也集中在这两个物种身上。猴免疫缺陷病毒还可以感染黑猩猩，在某些情况下会导致免疫抑制疾病，类似于人类获得性免疫缺陷病（艾滋病，AIDS）。在圈养的灵长类动物中，猕猴（*Macaca mulatta*）身上发现

有这种病毒，而且会引起疾病，一般认为这些猕猴是从同一饲养场的白枕白眉猴那里感染病毒的。

猴免疫缺陷病毒是人类免疫缺陷病毒的前身，从前者到后者是病毒演化的一个典型案例——病毒跨越物种传播，在新物种中成为严重的病原体。通过比较二者不同毒株的基因组，科学家可以判断出这种病毒不止一次从野生灵长类跨越到人类：世界上最常见的人类免疫缺陷病毒毒株 HIV-1 与黑猩猩身上的猴免疫缺陷病毒毒株关系最密切，而 HIV-2 则来自白枕白眉猴。

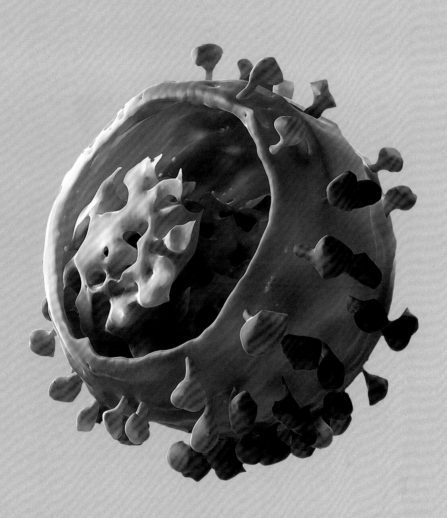

计算机基于冷冻电子显微镜数据生成
的猴免疫缺陷病毒的切面结构

ACMV African cassava mosaic virus

非洲木薯花叶病毒

重要粮食作物的毁灭性病毒

- Ⅱ类
- 双生病毒科　Geminiviridae
- 菜豆金色花叶病毒属　Begomovirus

基因组	环状、二分体、单链 DNA，包含约 5200 个核苷酸，编码 8 种蛋白质
病毒颗粒	无包膜，双二十面体颗粒
宿主	木薯（Manihot esculenta）
相关疾病	木薯花叶病，木薯褪绿病
传播途径	烟粉虱

　　木薯是热带大部分地区的主要作物，有十来种近缘病毒可以导致其严重疾病，非洲木薯花叶病毒（ACMV）就是其中之一。19 世纪末，非洲首次报道了这种疾病，但直到 20 世纪 30 年代，人们才知道它是由病毒引起的。

　　近年来，亚洲地区也发现了非洲木薯花叶病毒及其近缘病毒。这种病毒是由烟粉虱传播的，而这种烟粉虱已经蔓延到世界各地，这可能会让疾病更加广泛地传播到其他木薯种植区。

　　非洲木薯花叶病毒是一种双生病毒，之所以称之为"双生"，是因为这类病毒的颗粒看起来像一对双生二十面体。双生病毒是威胁植物健康的主要病毒之一，可感染许多不同的作物，包括豆类、番茄、甜菜、玉米、芜菁和菠菜，以及许多观赏植物。它们经常让叶片产生鲜艳的花叶图案，其中有些受到人们的喜爱，

并成为人们特意培育的性状。双生病毒均由昆虫传播，在某些情况下病毒也为其昆虫媒介提供好处。

　　虽然木薯原产于南美洲，而且仍在那里广泛种植，但非洲木薯花叶病毒还没有在美洲出现过。据推测，这种病毒可能起源于非洲的其他一些不明植物，并在 16 世纪木薯被引入非洲后传播到木薯植株上。在许多发展中国家，木薯已经成为碳水化合物的重要来源，因为它能很好地适应贫瘠的土壤，并且很耐干旱。它还可以加工成木薯粉，用于制作布丁。

>> 非洲木薯花叶病毒的双生颗粒结构模型。病毒颗粒的双生形态，正是"双生病毒科"这一名字的来源

BBTV　Banana bunchy top virus

香蕉束顶病毒

香蕉生产的主要威胁

- Ⅱ类
- 矮缩病毒科 Nanoviridae
- 香蕉束顶病毒属　Babuvirus

基因组	环状、六分体、单链DNA,包含约7000个核苷酸,编码 6 种蛋白质
病毒颗粒	无包膜，小型二十面体颗粒
宿主	香蕉和芭蕉（*Musa* spp.）
相关疾病	束顶病
传播途径	香蕉交脉蚜（*Pentalonia nigronervosa*），或通过外植体垂直传播

　　香蕉束顶病毒（BBTV）威胁着世界上大部分地区的香蕉和芭蕉生产，只有美洲大陆幸免于难，但在夏威夷如今也已经发现这种病毒。而在世界上没有该病毒的区域，也没有发现该病毒的媒介香蕉交脉蚜。

　　因为香蕉不是通过种子繁殖，而是通过母株的根蘖繁殖的，所以香蕉束顶病毒很难根除。通过这种方式从母株感染病毒的植株，束顶病往往症状严重，导致植株扭曲并矮缩，因此这些植株也无法继续用于繁殖。这种病毒也可通过蚜虫媒介水平传播，但通过这种方式感染的植株症状较轻，可能躲过人们的监测，使得垂直传播和水平传播之间的感染循环周而复始。未受感染的母株根茎对香蕉的成功繁殖很重要。

　　香蕉束顶病毒和其他矮缩病毒属的病毒一样，颗粒非常小，并且每个颗粒分别封装其基因组的一个片段。对于植物病毒而言，这样严重分离的基因组有一些好处，因为单个分体的

体积很小，也就更容易在植物细胞之间移动。不过，这也存在一个缺点，因为要完全感染一个细胞必须所有基因片段同时存在。矮缩病毒属的其他病毒似乎已经克服了这一缺陷，它们可以在宿主植物的细胞之间交换每个分体产生的蛋白质，这样一来就无需在同一细胞中聚集所有基因片段，而是在不同的宿主细胞中分别合成部分蛋白质，不过目前还不清楚香蕉束顶病毒是否也采取这一策略。香蕉束顶病毒局限于植物的韧皮部，而韧皮部是输导组织，具有运输营养物质的管状结构，细胞之间连接非常紧密，因此这种策略很可能非常有利于病毒的传播。

感染了香蕉束顶病毒的香蕉植株，表现出明显的矮缩症状，而且所有的叶片都从同一尖端冒出来，形成"束顶"

ASFV African swine fever virus

非洲猪瘟病毒

可能改变传统饮食的动物病毒大流行

- Ⅰ类
- 非洲猪瘟病毒科　Asfariviridae
- 非洲猪瘟病毒属　Asfivirus

基因组	线性、双链 DNA，包含约 17 万个碱基对，编码约 160 种蛋白质
病毒颗粒	双层包膜，二十面体核心
宿主	家猪（*Sus domesticus*）、野猪、疣猪、假面野猪（*Potamochoerus larvatus*）和钝缘蜱属蜱虫（*Ornithodoros* spp.）
相关疾病	出血热
传播途径	病媒传播（蜱虫），直接接触传播
疫苗	暂无

非洲猪瘟是一种发生在猪种群内的非常严重的疾病，近几十年来已蔓延到世界许多地区。用受感染的动物产品作为饲料会导致其水平传播，加剧了疾病的蔓延。

非洲猪瘟是撒哈拉以南的非洲地区的流行病，在家猪和野猪之间来回传播。但在 2007 年，非洲猪瘟病毒（ASFV）意外地传入了格鲁吉亚，并从那里传播到高加索地区和俄罗斯，2014 年又从俄罗斯传入欧洲。2018 年，该病毒蔓延到中国和亚洲其他地区。如今它还在继续传播，而且由于新型冠状病毒感染大流行影响了我们对它的监测控制，非洲猪瘟可能会进一步蔓延到全球其他地区。

非洲猪瘟病毒有许多不同的毒株，其中一些毒株比其他的毒株更致命。最严重的毒株致死率高达百分之百，而最温和的毒株则症状非常轻微。该病毒通过蜱虫媒介从野猪传播给家猪，但一旦进入家猪群体，它就会通过个体之间的直接接触迅速传播。

非洲猪瘟给中国带来了灾难性的影响，因为猪肉是中国饮食中重要的组成部分，在节日和庆祝活动中尤为重要。然而，受影响的不仅仅是人类的饮食。肝素是一种用于治疗凝血障碍的重要药物，它的供应也受到影响，因为这个药物主要是从猪身上提取的。人们一直在努力研发对抗非洲猪瘟病毒的疫苗，但到目前为止还没有成功。

>> 来自冷冻电子显微镜的非洲猪瘟病毒高分辨率结构模型

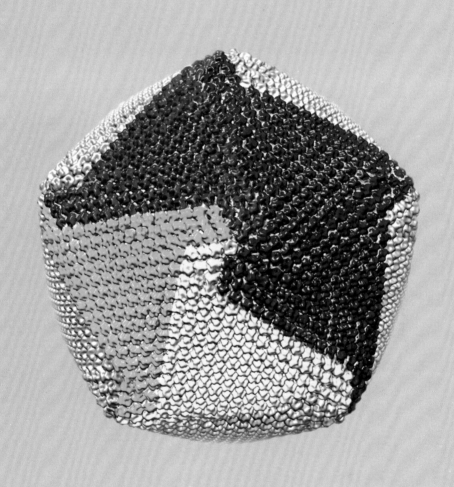

GLOSSARY
术语表

- **包涵体** 一种有膜包被、充满蛋白质的小体，被一些病毒用来保护病毒颗粒。

- **包膜** 病毒外层由宿主的细胞膜构成的膜。

- **胞间连丝** 植物细胞之间穿过细胞壁互相沟通的连接结构，由膜包被。

- **胞吞** 细胞摄取物质的过程，有时也称为胞饮。

- **肠病毒** 感染肠道的病毒。

- **出芽** 从细胞某个部位挤出芽体进行无性繁殖。在病毒中，指病毒颗粒通过细胞膜的一部分出芽。

- **传播** 病毒从一个宿主移动到另一个宿主。

- **单一化种植** 常见于农业中，种植一大片相同或高度相似品种的植株。

- **毒力** 导致宿主发病的能力。

- **多聚腺苷酸尾（Poly-A Tail）** 信使 RNA 3'端由一串腺嘌呤苷酸构成的常见结构。

- **多联体** 一段序列的多个副本串联在一起组成的 DNA 或 RNA 长链分子。

- **浮游植物** 海洋中进行光合作用的各种微生物。

- **干扰素** 干扰病毒的感染和复制的小分子，参与先天免疫应答，可以诱发炎症。

- **共生** 两个或多个不同生物实体之间的亲密关系。

- **共生起源** 两个不同的物种融合形成一个新物种。

- **古病毒学** 将已整合到细胞生物基因组中的病毒作为遗传化石进行研究的科学。

- **固着** 有机体固定在一个地方。

- **核酶** 具有酶活性的 RNA 分子，可以切割 RNA。

- **核糖核苷酸** RNA 的组成部分，由一个糖分子和一个核苷酸碱基组成。

- **核糖体** 由蛋白质和 RNA 组成的细胞器，可将信使 RNA 翻译为蛋白质。

- **宏病毒组** 有机体或特定环境中所有病毒的遗传物质的总和。

- **宏基因组** 环境中全部微生物遗传物质的总和。

- **互利共生** 两种不同生物之间形成的紧密互利关系。

- **基因疗法** 通过基因编辑或病毒载体导入正常基因，纠正基因缺陷。

- **剪接** 去除 RNA 分子的一部分，并将其余部分拼接起来。

- **解旋酶** 解开双链 DNA 螺旋的酶。

- **聚合酶** 用于复制 RNA 或 DNA 的酶。

- **菌丝融合** 真菌菌丝之间的融合。

- **抗性** 使得宿主不会被病毒感染的多种情况的统称。

- **裂解** 细胞破裂，并因此死亡。

- **磷酸根** DNA 和 RNA 中由磷原子和氧原子组成的基团

- **流行病** 在群体中经常出现的疾病。

- **帽状结构** 信使 RNA 的 5'端的一种核苷酸修饰结构。

- **媒介** 在宿主之间传播病毒的东西，通常是昆虫，但也可以包括许多其他生物和非生物媒介。

酶　生物催化剂，通常由蛋白质构成。

免疫耐受　动物出生前后诱导免疫系统识别自身组织的过程。

耐受　宿主即便发生感染也没有症状的状态。

内含子　未加工的信使 RNA 中不编码蛋白质、会在后续加工过程中被剪切去除的部分。

内源性　在基因组内。

前基因组　病毒基因组的副本，需要进一步加工才能成为成熟的基因组。

羟基　RNA 和 DNA 中由氢原子和氧原子组成的分子基团。

群体免疫　大多数个体都对某种病毒免疫后，病毒感染因缺乏新宿主而平息的现象。

人畜共患病　在动物和人类之间自然传播的病毒导致的疾病。

人痘接种　疫苗接种的前身，故意感染天花病毒以预防更严重疾病的过程。

溶酶体　细胞内由单层膜包绕的内含一系列水解酶的细胞器。

生物多样性　不同生物体的总和。

生物信息学　计算机辅助的生物学数据分析。

生物型　一个物种内具有相同基因型的群体。

适应性免疫　针对目标病原体的特异性免疫应答。

噬菌体　感染细菌的病毒。

拓扑异构酶　一种能解开 DNA 双链结构的酶。

突变　基因序列的改变。

脱氧核糖核苷酸　DNA 的组成部分，由一个糖分子（脱氧核糖）和一个核苷酸碱基构成。

外显子　未加工的信使 RNA 中包含蛋白质编码序列的部分。

细胞壁　植物界、真菌界等数个界的生物共有的细胞外部结构。动物细胞没有细胞壁。

细胞核　真核细胞中储存基因组的中央细胞器。

细胞膜　细胞的外膜，主要由脂质构成，对调节物质进出细胞的过程很重要。

细胞器　细胞内具有特定功能的膜结合体。

先天免疫　机体对病原体的非特异性免疫应答。

线粒体　真核生物中提供能量的细胞器。

叶绿体　植物细胞中负责光合作用的细胞器。

易感　宿主易受病毒感染的状态。

疫苗　诱导机体对感染性疾病产生免疫力的制剂。

诱变剂　任何能诱导基因突变的化学物质或物理因素。

原病毒　整合到宿主基因组中的病毒。

原核生物　由没有细胞核或其他细胞器的细胞构成的生物。

原生细胞　地球早期演化出真核细胞之前的假想生命形式。

真核生物　由具有细胞核的细胞构成的生物。

整合　将病毒 DNA 融入宿主基因组。

致癌基因　与致癌相关的基因。

转运 RNA　核糖体使用的一种高度结构化的 RNA，根据密码子将氨基酸转运到正确的位置以合成蛋白质。

自然选择　生物学上适应度最高的个体能够继续繁殖的现象，是演化的驱动力。

组胺　诱发炎症的小分子，属于先天免疫应答的一部分。

组蛋白　细胞核内充当 DNA 缠绕的线轴的蛋白质复合物。

INDEX
索引
（按字母和拼音排序）

REFERENCES
参考文献

书籍

ACHESON N. Fundamentals of Molecular Virology[M]. Wiley, 2011.

BAMFORD D H and ZUCKERMAN M, eds. Encyclopedia of Virology. Vols 1–5[M]. Elsevier, 2021.

FLINT J, RACANIELLO V R, RALL G F, et al. Principles of Virology. Vols 1 and 2[M]. Fifth edition. ASM Press, 2020.

HULL R. Matthews' Plant Virology[M]. Academic Press, 2002.

QUAMAN D. The Chimp and the River: How AIDS Emerged from an African Forest[M]. Norton, 2015.

ROHWER F, YOULE M and NAO H. Life in Our Phage World[M]. Wholon, 2014.

ROOSSINCK M J. Virus: An Illustrated Guide to 101 Incredible Microbes[M]. Princeton: Princeton University Press, 2016.

ZIMMER C and SCHOENHERR I. A Planet of Viruses[M]. Third edition. Chicago: University of Chicago, 2021.

学术期刊论文

CHOW C–E T and SUTTLE C A. Biogeography of viruses in the sea[J]. Annual Reviews of Virology, 2015 (2): 41–66.

FARELL P J. Epstein–Barr virus and cancer[J]. Annual Review of Pathology: Mechanisms of Disease, 2019 (14): 29–53.

GRUBAUGH N D, LADNER J T, LEMEY P, et al. Tracking virus outbreaks in the 21st century[J]. Nature Microbiology, 2019 (4): 10–19.

LETKO M, SEIFERT S N, OLIVAL K J, et al. Bat borne virus diversity, spillover and emergence[J]. Nature Reviews Microbiology, 2020 (18): 461–471.

NADÈGE P, LEGENDRE M, DOUTRE G, et al. Pandoraviruses: Amoeba viruses with genomes up to 2.5 Mb reaching that of parasitic eukaryotes[J]. Science, 2013, 341: 281–286.

PEYAMBARI M, WARNER S, STOLER N, et al. A 1,000–year–old plant virus[J]. Journal of Virology, 2019, 93: e01188–18.

ROOSSINCK M J. The good viruses: Viral mutualistic symbioses[J]. Nature Reviews Microbiology, 2011 (9): 99–108.

ROOSSINCK M J and BAZÁN E R. Symbiosis: Viruses as intimate partners[J]. Annual Review of Virology, 2017 (4): 123–139.

SCHOELZ J E and STEWART L R. The role of viruses in the phytobiome[J]. Annual Review of Virology, 2018 (5): 93–111.

SVIRCEV A, ROACH D and CASTLE A. Framing the future with bacteriophages in agriculture[J]. Viruses, 2018 (10): 216.

XU Q, TANG Y, and HUANG G. Innate immune responses in RNA virus infection[J]. Frontiers of Medicine, 2021 (15): 333–346.

相关学术组织及网站

美国微生物学会　www.asm.org

美国病毒学会　www.asv.org

澳大利亚病毒学会　www.avs.org.au

植物病毒描述　dpvweb.net

欧洲病毒学会　www.eusv.eu

国际微生物学会联合会病毒学部　www.iums.org/index.php/virology

日本病毒学会　jsv.umin.jp/jsv_e

微生物学会　www.microbiologysociety.org

泛美卫生组织　www.paho.org/hq

TWiV　《本周病毒学》（This Week in Virology），周更播客，包含过去节目的存档 www.microbe.tv/twiv

美国疾病控制中心　www.cdc.gov

ViralZone　病毒结构和基因信息汇总　viralzone.expasy.org

世界卫生组织（WHO）　www.who.int/en

世界病毒学会　www.ws–virology.org

PICTURE CREDITS
图片出处

插画绘制：Martin Brown 141、145、146；Lindsey Johns 9、71 下；Caitlin Monney（Monney Medical Media）12、61、62、66上、73、75、76、78、79、81上和下、82、85、134、159、163、167、169、194、199、219、220、252、259；Tejeswini Padma 6、7、10、27、29、30—31、34—35、66 下、68、71上、105上和下、106、108、111、113、138；John Woodcock 54、56、128、140、171、193、204、225、229、246、254、256上和下。

出版方感谢以下人士和机构许可本书印制相关版权素材：
Adobe Stock：molekuul.be：21 • Alamy Photo Library Pictorial Press Ltd：18上；Science History Images：18下；Photo 12, Ann Ronan Picture Library：19；Larry Downing, Reuters：24；dpa picture alliance：25上；Ivan Kuzmin：25下、221；Nic Hamilton Photographic：41右；All Canada Photos：42；Nigel Cattlin：57、83、99、115J、263左上和下；Juan Gaertner Science Photo Library：63；Rosanne Tackaberry：65上；Scott Camazine：67上；Cavallini James BSIP：67下；inga spence：72；Antonio Guillem：74上；Kateryna Kon Science Photo Library：89、232；Science Picture Co：93；Steve Gschmeissner Science Photo Library：103上；Maxim Cristalov：110右；Vintage_Space：112；FineArt：133；Holmes Garden Photos：142；The Granger Collection：160；Science History Images：161；IanDagnall Computing：172左、249左；RBM Vintage Images：173右；Jagadeesh N.V Reuters：203下；History and Art Collection：205；Nanoclustering Science Photo Library：215；Niday Picture Library：222；North Wind Picture Archives：228；Granger–Historical Picture Archive：231下；Shawshots：250左；World of Triss：250右；J Marshall – Tribaleye Images：257；Biosphoto：260左；Tim Gainey 260 右 • Stéphane Blanc：146 • Centres for Disease Control and Prevention, James Gathany：109 • Andrew Charnesky, Hafenstein Lab, The Pennsylvania State University：207 • Churchill Archives Centre, The Rosalind Franklin Papers, FRKN 2/31：18右下BL • CNRS © AMU/IGS/CNRS Photothèque：49 • Delft School of Microbiology Archives, Courtesy of the Curator：16 • Dreamstime Kanokphoto：192；Nflane：223 • John Finch, MRC Laboratory of Molecular Biology：15 • Flickr: Harry Rose：17；Oregon State University：36左；International Institute of Tropical Agriculture, Nigeria：51；Chattahoochee Oconee National Forest：231上；James St. John：237；H. Holmes, RTB – The CGIAR Research Program on Roots, Tubers and Bananas：263左上；U.S. Department of Agriculture, European and Mediterranean Plant Protection Organization Archive, France：263左下；Scot Nelson：271；iNaturalist: James Bailey：201；Gilles San Martin：226 • Invasive. Org: Rupert Anand Yumlembam, Central Agricultural University, Imphal, Manipur, India, Bugwood.org：38 • iStock: Tomasz Klejdysz：198；Gerald Corsi：218 • Journal of Biological Chemistry Open Access, Fig. 2 in 'Andrés et al. The cryo-EM structure of African swinefever virus unravels a unique architecture comprising two icosahedral protein capsids and two lipoprotein membranes. Volume 295, Issue 1, P1–12, (2020) https://doi.org/10.1074/jbc. AC119.011196'：273 • Russell C. J. Kightley：65下 • Heui-Soo Kim：53 • Caroline Langley, Hafenstein Lab, The Pennsylvania State University：5、125 • Hyunwook Lee, Hafenstein Lab, The Pennsylvania State University：211、235、265 • Library of Congress, National Photo Company Collection：251 • Pedro Moreno：14 • National Cancer Institute：267 • National Institute of Allergy and Infectious Diseases, Courtesy of：43 • National Plant Protection Organization, the Netherlands, Annelien Roenhorst：45 • Nature Communications Open Access, Fig. 4 in 'Hesketh E.L., Saunders K., Fisher C., et al., The 3.3 Å structure of a plant geminivirus using cryo-EM. Nat Commun 9: 2369 (2018). https://doi.org/10.1038/s41467-018-04793-6：209 • PDB-101 (PDB101.rcsb.org), RCSB PDB, David S. Goodsell：153 • David Price-Goodfellow：253 • RCSB PDB created using Mol* (D. Sehnal, S. Bittrich, M. Deshpande, R. Svobodová, K. Berka, V. Bazgier, S. Velankar, S.K. Burley, J. Kowa, A.S. Rose (2021) Mol* Viewer: modern web app for 3D visualization and analysis of large biomolecular structures. Nucleic Acids Research. Doi: 10.1093/nar/gkab314), and RCSB PDB, Image 2X8Q Image 2X8Q Hyun J.K., Radjainia M.,Kingston R.L., Mitra A.K., (2010) J Biol Chem 285: 15056, Proton-Driven Assembly of the Rous Sarcoma Virus Capsid Protein Results in the Formation of Icosahedral Particles：4T、97；Image 2CH8 Tarbouriech N., Ruggiero F., Deturenne-Tessier M., Ooka T., Burmeister W.P., (2006) J Mol Biol 359: 667, Structure of the Epstein-Barr Virus Oncogene Barf1：5BL、84；Image 6JHQ Cao L., Liu P., Yang P., Gao Q., Li H., Sun Y., Zhu L., Lin J., Su D., Rao Z., Wang X. (2019) PLoS Biol 17: e3000229- e3000229, Structural basis for neutralization of hepatitis A virus informs a rational design of highly potent inhibitors：5BC、119；Image 5IRE Sirohi D., Chen Z., Sun L., Klose T., Pierson T.C., Rossmann M. G., Kuhn R. J. (2016) Science 352: 467–70, The 3.8 angstrom resolution cryo-EM structure of Zika virus：5；Image 3J9X DiMaio F., Yu X., Rensen E., Krupovic M., Prangishvili D., Egelman E.H. (2015) Science 348: 914–17, A virus that infects a hyperthermophile encapsidates A-form DNA：30–31；Image 6P7B Li N., Shi K., Rao T., Banerjee S., Aihara H. (2020) Sci Rep 10: 393, Structural insights into the promiscuous DNA binding and broad substrate selectivity of fowlpox virus resolvase：87；Image 4V99 Makino D. L., Larson S. B., McPherson A. (2013) J Struct Biol 181: 37–52, The crystallographic structure of Panicum Mosaic Virus (PMV)：123；Image 2H3R Benach J., Chen Y., Seetharaman J., Janjua H., Xiao R., Cunningham K., Ma L.-C., Ho C. K., Acton T. B., Montelione G. T., Hunt J. F., Tong L., Northeast Structural Genomics Consortium (NESG) Crystal structure of ORF52 from Murid herpesvirus 4 (MuHV-4) (Murine gammaherpesvirus 68). Northeast Structural Genomics Consortium target MhR28B：239上；Image 4V99 Gipson P., Baker M. L., Raytcheva D., Haase-Pettingell C., Piret J., King J. A., Chiu W. (2014) Nat Commun 5: 4278, Protruding Knob-Like Proteins Violate Local Symmetries in an Icosahedral Marine Virus：213 • RCSB PDB created using NGL (A. S. Rose, A. R. Bradley, Y. Valasatava, J. D. Duarte, A. Prlic', P. W. Rose (2018) NGL viewer: web-based molecular graphics for large complexes. Bioinformatics 34: 3755–58) Image 4G7X Ford C. G., Kolappan S., Phan H. T., Waldor M. K., Winther-Larsen H. C., Craig L. (2012) Crystal Structures of a CTX{varphi} pIII Domain Unbound and in Complex with a Vibrio cholerae TolA Domain Reveal Novel Interaction Interfaces：4B、5T、241；Image 7DWT Fibriansah G., Lim E. X. Y., Marzinek J. K., Ng T. S., Tan J. L., Huber R. G., Lim X. N., Chew V. S. Y., Kostyuchenko V. A., Shi J., Anand G. S., Bond P. J., Crowe Jr. J. E., Lok S. M. (2021) PLoS Pathog 17: e1009331-e1009331, Antibody affinity versus dengue morphology influences neutralization：5BR、187；Image 7XDI Han Z., Yuan W., Xiao H., Wang L., Zhang J., Peng Y., Cheng L., Liu H., Huang L. (2022) Proc Natl Acad Sci USA 119: e2119439119–e2119439119 Structural insights into a spindle-shaped archaeal virus with a sevenfold symmetrical tail：30左

上；Image 3J31 Veesler D., Ng T. S., Sendamarai A. K., Eilers B. J., Lawrence C. M., Lok S. M., Young M. J., Johnson J. E., Fu C. Y. (2013) Proc Natl Acad Sci USA 110: 5504-5509, Atomic structure of the 75 MDa extremophile Sulfolobus turreted icosahedral virus determined by CryoEM and X-ray crystallography: 30右上；Image 6CGR Dai X. H., Zhou Z. H. (2018) Structure of the herpes simplex virus 1 capsid with associated tegument protein complexes Science 360: 151; Image 7LGE Chang J. Y., Gorzelnik K. V., Thongchol J., Zhang J.(2022) Viruses 14 Structural Assembly of Q beta Virion and Its Diverse Forms of Virus-like Particles: 154；Image 6HXX Kezar A., Kavcic L., Polak M., Novacek J., Gutierrez-Aguirre I., Znidaric M. T., Coll A., Stare K., Gruden K., Ravnikar M., Pahovnik D., Zagar E., Merzel F., Anderluh G., Podobnik M.(2019) Sci Adv 5: eaaw3808–eaaw3808, Structural basis for the multitasking nature of the potato virus Y coat protein: 184；Image 7NXR Naniima P., Naimo E., Koch S., Curth U., Alkharsah K. R., Stroh L. J., Binz A., Beneke J. M., Vollmer B., Boning H., Borst E.M., Desai P., Bohne J., Messerle M., Bauerfeind R., Legrand P., Sodeik B., Schulz T. F., Krey T. (2021) PLoS Biol 19: e3001423–e3001423, Assembly of infectious Kaposi's sarcoma-associated herpesvirus progeny requires formation of a pORF19 pentamer: 239下；Image 1M1C Naitow H., Tang J., Canady M., Wickner R. B., Johnson J.E. (2002) Nat Struct Biol 9: 725–28, L-A virus at 3.4 A resolution reveals particle architecture and mRNA decapping mechanism: 243；Image 6EK5 Hipp K., Grimm C., Jeske H., Bottcher B. (2017) Structure 25: 1303–09.e3, Near-Atomic Resolution Structure of a Plant Geminivirus Determined by Electron Cryomicroscopy: 269；Image 3D0H (2008) Li F. J Virol 82: 6984–91 Structural analysis of major species barriers between humans and palm civets for severe acute respiratory syndrome coronavirus infections: 255 • RCSB PDB, Jmol: an open-source Java viewer for chemical structures in 3D. http://www.jmol.org/: 47 • Rusty Rodriguez: 224 • Science Photo Library Laguna

Design: i、55；National Library of Medicine: 20；Henning Dalhoff: 60；Science Source: 95；Tim Vernon: 135；Dr. Klaus Boller: 149、181；Roger Harris: 183；Dr. Victor Padilla-Sanchez Phd, Washington Metropolitan University: 189；AMI Images: 116—117；Ramon Andrade 3DCIENCIA: 127；PR J. L. Kemeny, ISM: 176 • Jean-Yves Sgro, Protein Data Bank: 1DNV；Rasmol image by Dr Sgro (UW-Madison, Dept of Biochemistry): 40；Protein Data Bank: 5K0U；UCSF Chimera image by Dr Sgro, (UW-Madison, Dept of Biochemistry): 125 • Shutterstock: Juan Gaertner: 1；Kateryna Kon: 4C、34（全部）、69、84上、165、166、168上和下、177；Sashkin: 6左；Bussakan Punlerdmatee: 11；Catherine Avilez: 13；Lifestyle Graphic: 28；Martin Prochazkacz: 36右；walkerone: 37；Ihor Hvozdetskyi: 40—41上；Jezper: 44；DodoDripp: 70；podsy: 74左；Kostiantyn Kravchenko: 77；homi: 91；schankz: 103左；Choksawatdikorn: 104；Tatiana Shepeleva: 107；LightField Studios: 110左；JennLShoots: 114；Evgeniyqw: 115A；Thammanoon Khamchalee: 115B；Mi St: 115C；Jamierpc: 115D；Vera Larina: 115E；Tomasz Klejdysz: 115F、115L、227；Wut_Moppie: 115G；EVGEIIA: 115H；F. Neidl: 115I；chinahbzyg: 115K；frank60: 117右上；Suti Stock Photo: 129；Sandra Mori: 136—137；FJAH: 144上；Creativa Images: 144左下；Laborant: 144右下；Jose Luis Calvo: 162；Everett Collection: 170、203上；Yekatseryna Netuk: 172—173；Igor Petrushenko: 179左；Showtime.studio: 179下；AJCespedes: 195；Rejdan: 196；massimofusaro: 197；Lam Van Linh: 233左；Grandpa: 233右；The Escape of Malee: 258；LifeCollectionPhotography: 261；Theeraya Nanta: 262 • Mark J. A. Vermeij: 37 • Wikimedia Commons: EEIM: 117右下；Spencerbdavis: 174；NASA/USGS image courtesy of Steve Groom: 200下；Stefan Ertmann & Lokal Profil: 249上 • Willie Wilson, Marine Biological Association, Plymouth: 200上 • Professor Ju-Yeon Yoon: 139 • Heiko Ziebell: 175.